U0352581

浅埋非充分垮落采空区下开采覆岩活化失稳机理

朱德福　著

扫码看本书彩图

北　京

冶　金　工　业　出　版　社

2020

内 容 提 要

本书针对浅埋间隔式采空区下近距离煤层开采，采空区顶板垮落状态未知，采空区碎石空隙分布规律、承载特性不明，煤柱群长期稳定性难以评价等问题，综合运用理论计算、物理模拟、数值计算及现场实测等研究手段，阐明了间隔式采空区顶板垮落特征，研究了间隔式煤柱群长期承载特性并评价其稳定性，掌握了顶板垮落破碎岩体承载及变形特性，探究了非充分垮落区"煤柱群-碎石"协同承载特性，揭示了非充分跨落采空区下近距离煤层开采覆岩结构不同失稳类型诱发动载致灾的机理。

本书可供采矿工程、岩土工程等领域的科研人员和工程技术人员阅读，也可供高等院校相关专业的师生参考。

图书在版编目（CIP）数据

浅埋非充分垮落采空区下开采覆岩活化失稳机理/朱德福著. —北京：冶金工业出版社，2020.6
ISBN 978-7-5024-8512-2

Ⅰ.①浅… Ⅱ.①朱… Ⅲ.①薄煤层—煤矿开采—岩层移动—研究 Ⅳ.①TD823.25

中国版本图书馆 CIP 数据核字（2020）第 088613 号

出 版 人　陈玉千
地　　址　北京市东城区嵩祝院北巷 39 号　邮编　100009　电话　(010)64027926
网　　址　www.cnmip.com.cn　电子信箱　yjcbs@cnmip.com.cn
责任编辑　高　娜　美术编辑　吕欣童　版式设计　禹　蕊
责任校对　郭惠兰　责任印制　禹　蕊
ISBN 978-7-5024-8512-2
冶金工业出版社出版发行；各地新华书店经销；三河市双峰印刷装订有限公司印刷
2020 年 6 月第 1 版，2020 年 6 月第 1 次印刷
169mm×239mm；9.75 印张；190 千字；148 页
58.00 元

冶金工业出版社　投稿电话　(010)64027932　投稿信箱　tougao@cnmip.com.cn
冶金工业出版社营销中心　电话　(010)64044283　传真　(010)64027893
冶金工业出版社天猫旗舰店　yjgycbs.tmall.com
（本书如有印装质量问题，本社营销中心负责退换）

前　言

我国西部地区可采煤层赋存呈现埋藏较浅、层数多且层间距小的特点，其中榆神府矿区最具代表性。近年来，上组煤层基本开采完毕，其开采方式主要包括房式开采、长壁综采及间隔式开采（条带式开采、刀柱式开采以及榆神府矿区特有的"间歇式采煤法"，多采用长壁布置工作面，采35~50m，留10~15m煤柱）。不同的开采方式形成采空区的覆岩垮落特征迥异，根据覆岩垮落特征将其归纳为不垮落采空区、充分垮落采空区及非充分垮落采空区（间隔式开采采空区）三类。随工作面向下水平迁移，浅埋采空区下煤层开采过残留煤柱期间普遍存在动载矿压现象，然而，非充分垮落区下开采动压显得更为密集且剧烈，但目前研究多针对过煤柱下压架的机理，关于空区下压架的机理尚不明晰，因此，开展浅埋非充分垮落区下煤层开采覆岩结构活化失稳机理研究十分必要。

非充分垮落采空区与不垮落采空区、完全垮落采空区之间的主要区别是承载结构不同。不垮落采空区内煤柱承担覆岩全部重量；充分垮落采空区覆岩重量由碎石承担；而非充分垮落区内承载结构为"煤柱+碎石"，由此造成非充分垮落区内载荷分布规律及底板应力分布特征具有独特性，即煤柱与碎石上方都分布着载荷，导致煤柱下方底板中存在应力增高区，而且在碎石下方底板中一定范围内也分布着应力增高区。

非充分垮落区内"煤柱-碎石"协同承载单元与顶、底板岩层组合构成了下组煤特有的覆岩结构"顶板-'煤柱+碎石'-顶板"，此类型采空区下开采易活化覆岩结构联动破断诱发动载矿压，导致工作面动载强度大，支架压死及巷道压垮等事故频发。

本书采用三维重构与反演方法，阐明了非充分垮落采空区顶板垮落形态；研究了蠕变作用叠加开采扰动后煤柱的失稳机理，揭示下煤层回采过程中上覆采空区残留煤柱的稳定特征；深入研究了下煤层开采双层顶板联动破断机制，揭示了非充分垮落区下开采覆岩破断规律并提出了深孔预裂控制岩层运动技术。本书所介绍的研究成果能够为非充分垮落区下开采诱发顶板灾害的防控提供有益参考。

书中研究背景与研究对象源自作者博士期间作为主要参与人完成的中国矿业大学与中煤集团西北公司南梁煤矿合作的企业创新项目，综合实验室工作与现场调研、实践提炼形成了本书中的主要内容。研究期间也得到了乌兰集团石圪台煤矿、陕西汇森集团冯家塔煤矿、伊泰集团宏景塔二矿等单位管理及技术人员的鼎力支持。本书是在作者的博士生导师中国矿业大学屠世浩教授的倾心指导下完成的，在此特别感谢屠世浩教授的辛勤培养，感谢课题组全体人员的帮助与支持。

本书的出版及有关研究得到了国家自然科学基金面上项目（51874281）、国家自然科学基金青年项目（51904200）、山西省应用基础研究计划青年科技研究基金（201901D211032）、山西省高等学校科技创新项目（2019L0183）和煤炭资源与安全开采国家重点实验室开放研究基金课题（SKLCRSM19KF019）的联合资助，在此一并致谢。书中参考引用了国内外有关专家、学者的文献资料，在此向文献作者表示感谢与敬意。

由于作者水平和能力所限，书中不妥之处，恳请读者批评指正。

作　者
2020 年 4 月于太原

目　录

1 绪 论

数字资源 1

1.1 非充分垮落区下开采致灾问题的提出

我国西部地区煤炭储量丰富，多为浅埋煤层，可采煤层主要是石炭~二叠纪、侏罗纪成煤煤层，煤层多，层间距小，且均为近水平煤层[1]。以榆神府矿区为例，近年来，随着矿区内开采强度不断提升，浅埋煤层群组中上组煤层已基本开采完毕；上组煤层开采时间长，开采方法主要有长壁充分垮落式、房柱式和间隔留设煤柱采煤法等，上组煤层回采区域内分布着不同形式的煤柱和采空区。随着开采向下组煤层转移、开发力度加大，上覆未充分垮落采空区及残留煤柱给下组煤层开采带来诸多困难，其中，应力集中易造成矿震、压巷、压架等动压事故[2,3]。

浅埋煤层非充分垮落采空区下开采与一般煤层回采时，顶板内应力分布与活动规律的最大区别是：下组煤顶板中应力分布极不均匀，煤柱下存在应力集中区，采空区下为应力释放区，下组煤开采过煤柱时，易诱发残留煤柱承载超限，造成工作面切顶来压；工作面过采空区下方时，下组煤顶板周期破断易引起上组煤采空区顶板同时破断，导致工作面动载强度大，支架压死及巷道压垮等事故多次发生；下组煤工作面开采引起上组煤采空区再次大面积联动垮落，引发地质灾害现象。陕西地震台网记录到的塌陷地震主要分布在神木、府谷、横山等地区，2015~2017 年共发生塌陷地震 68 次，最大震级为 3.0 级[4]。据统计，神东矿区 2007~2013 年间共发生 22 起大型压架事故，直接经济损失达 3 亿元；榆神府矿区典型压架事故统计如表 1-1 所示。

表 1-1 榆神府矿区压架事故统计表

煤矿	工作面编号	工作面长度/采高/m	支架额定阻力/kN	埋深/m	层间距/m	上覆煤柱形式
大柳塔	1203	150/4.0	3500	50~65	—	集中煤柱
	52303	301.5/6.8	18000	254	30.1	
	22103	322.7/3.6	12000	86.1	23.3	
活鸡兔	12304	240/4.3	8600	97.6	19.2	集中煤柱、冲沟
	12305	257.2/4.3	12000	116.4	18.9	
	12306	255.7/4.3	12000	97.1	21.3	

续表 1-1

煤矿	工作面编号	工作面长度/ 采高/m	支架额定 阻力/kN	埋深 /m	层间距 /m	上覆煤柱形式
石圪台 （神东）	12102	217.22/2.8	8800	65.5	5.2	集中煤柱
	12103	329.2/2.8	8800	63.5	0.6~5.0	
	12105	300/2.8	8800	78.6	5.3~13.6	
凯达	6⁻²305	219/1.65	6800	43.04	11.48	
	1601下	166/1.7	6800	47.6	13	
石圪台 （神东）	31201	311.4/4.0	18000	110~140	30~41.8	房式煤柱
南梁	30102	140/1.95	7200	104.5	13.5	间隔式煤柱
石圪台 （乌兰）	131210	120/2.7	6800	68	3.5~5.7	两层房式煤柱

我国西部地区浅埋煤层非充分垮落采空区根据采煤工艺及煤柱留设作用的不同，主要可分为两类：房式采空区和间隔式开采采空区。

间隔式开采残留煤柱主要有条带式开采残留煤柱、刀柱式开采残留煤柱、榆神府矿区特有的"间隔式采煤法"残留煤柱等几种形式。

条带开采是将被开采煤层划分成若干比较规整的条带，采一条，留一条，煤柱需支承上覆岩层重量以满足控制或减小地表移动、变形、下沉的要求，达到地面保护的目的，开采后残留大量条形煤柱。条带开采后地表沉降小，适合应用于难以搬迁或搬迁成本较高的建筑物下煤层开采，单一薄及中厚煤层且顶、底板岩层或煤层的硬度较高，在我国西部地区浅埋煤层应用较少。

刀柱式采煤法是当煤层坚硬时，如采用强制放顶垮落法处理采空区有困难，采用长壁工作面每推进 40~50m 留设 4~5m 煤柱支撑采空区顶板的处理采空区方法。

早期地方煤矿房式采煤方法回采浅部上组煤层，形成上层房式老采空区。神东矿区房式采空区调查统计见表 1-2，部分矿区甚至存在多层不规则房式采空区。

表 1-2 神东矿区房式采空区分布信息统计[2]

煤矿名称	房式采区煤层	采空区面积/万平方米
大柳塔	1-2上、1-2、2-2	642.49
上湾	1-2	426.75
哈拉沟	2-2	413.4
乌兰木伦	1-2、3-1	72
补连塔	1-2、2-2	88.86
石圪台	1-2、2-2	292.35

煤矿名称	房式采区煤层	采空区面积/万平方米
柳塔	1-2	258.11
寸草塔一矿	2-2、3-1	24.79
寸草塔二矿	1-2、2-2	125.5
榆家梁	4-2、5-2	423.3
保德	8	138.15

间隔式采煤方法是工作面按壁式布置、每推进一定距离（35~50m）留设一定宽度煤柱（10~15m）的采煤方法，此方法改进于刀柱式采煤法，采出率较刀柱式采煤法有所提高。间隔式采煤方法主要应用于浅埋煤层中，防止开采过程中顶板切落发生动压事故。由于浅埋煤层覆岩厚度小、关键层单一，间隔式开采后基本顶弯曲下沉，地表下沉系数大。但顶板未发生切落，此方法在神府矿区保水开采中广泛应用。

间隔式采煤方法和房式采煤方法均采用煤柱支承的方法管理顶板，避免采空区顶板大面积垮落，以及采空区内残留大量煤柱。两种方法的主要区别有：（1）间隔式煤柱留设形式规则，煤柱为长条形，间隔式煤柱之间相互平行分布；房式煤柱横截面多为矩形，边长6~10m，分布不规则。（2）间隔式采空区中直接顶已垮落（坚硬顶板刀柱式开采除外），基本顶弯曲下沉；而房式采空区顶板除伪顶冒落外无垮落现象，煤柱分布密集，稳定性良好。（3）间隔式采空区上方地表下沉且出现裂缝；房式采空区上方地表基本无下沉。

间隔式采煤方法克服了刀柱式采煤方法采出率低的不足，缓解了长壁式采煤方法所需支柱（架）支护强度大、成本高的矛盾，同时对于西北生态脆弱地区地表环境保护起重要作用，因此，间隔式采煤方法早期在神府矿区等中小型煤矿上组煤开采中得到了较多的应用。

间隔式采煤方法与房式采煤方法的采空区均为非充分垮落采空区，但间隔式采空区中煤柱的残留状态和承载环境与房式残留煤柱存在差异，如图1-1所示，主要体现在：（1）煤柱残留状态不同。房式煤柱留设尺寸小（长、宽多小于10m），密集分布于房式采空区；间隔式煤柱尺寸较大（宽5~10m、长100~200m），平行分布。（2）承载环境不同。房式煤柱周围是未垮落的房式采空区，相邻房柱共同承担采空区上覆岩层重量；间隔式采空区覆岩垮落特征为非充分垮落，间隔式采空区内煤柱上方承载的既不单纯是煤柱上方的覆岩重量，也非均匀地承担整个上覆岩层重量，根据顶板垮落特征，煤柱承载具有很大的不确定性。

当残留煤柱位于巷道上方时，煤柱受超前压力影响，易造成工作面超前位置发生压巷事故；若上方煤柱受超前支承压力影响仍保持完整状态时，下方工作面过煤柱时易发生压架事故。关于非充分垮落采空区内煤柱群的致灾机理与防控方

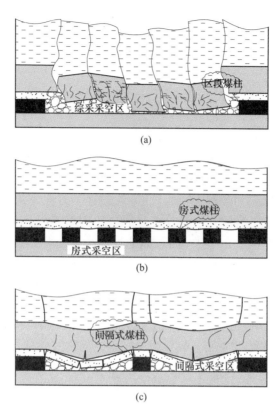

图 1-1　浅部开采不同形式采空区覆岩破断特征

（a）长壁式采空区；（b）房式采空区；（c）间隔式采空区

法，目前的研究还较少，亟须开展浅部非充分垮落采空区下重复采动致灾预测与防控方法的深入研究：

（1）评价间隔式采空区及其内部煤柱群稳定性。间隔式采空区上覆岩层竖向裂隙虽未与地表完全贯通，但其裂隙带仍发育到地表，采空区上覆含水层以岩层中裂隙为通道渗流，并积聚于间隔式采空区中，结合大气与水的溶解作用，导致间隔式煤柱有不同程度的风化，尤其是在埋深极浅（20m 以内）的区域。间隔式煤柱及采空区顶板在风化和蠕变耦合作用下，其强度和有效承载面积与设计强度和尺寸已有明显区别。同时，由于浅埋煤层地面冲沟地貌发育的特殊性，不同位置间隔式采空区上覆岩层载荷也有很大差异，进一步增加了间隔式煤柱承载计算的难度。为此，需要深入研究间隔式煤柱群在蠕变作用下的长期稳定特性，确定间隔式采空区顶板垮落特征。

（2）解析"间隔式煤柱群-采空区碎石"协同承载特征及采动前、后集中载荷在底板中的传播规律。确定集中载荷在底板中的分布规律后才能清晰地掌握应力集中、降低区域分布规律，重复采动引出了关于工作面过间隔式采空区及煤柱过程中顶板何时失稳、失稳次序、是否为两层顶板同时失稳、失稳强度大小是否会诱发动载引起动压事故等一系列疑问与思考。煤柱受采动影响是"覆岩-间隔式煤柱"型顶板结构模型建立的基础，而煤柱内应力场演化规律及煤柱破坏方式是影响该结构稳定的关键因素。为此，需要研究重复采动过程中顶板破断规律，并确定其与煤柱失稳类型的对应关系，为确定非充分垮落采空区下煤层开采顶板破断产生的动载计算提供依据。

（3）研究煤柱群失稳、双层顶板破断动载的形成机制及其传递、衰减规律。煤柱失稳及双层采空区顶板破断类型不同，其动载强度及影响范围也不同。煤柱失稳、双层采空区顶板破断动载在不同开采条件下的传递规律是判断其能否引起巷道剧烈变形、大面积片帮与支架阻力急剧升高，甚至诱发压巷、压架事故的依据。为此，需要研究煤柱失稳动载的形成机制及其传递规律，从而有效防控相关动力灾害。

研究成果对指导浅埋非充分垮落采空区下近距离煤层群安全高效开采，完善重复采动灾害防控理论具有重要的科学意义。

1.2　浅埋煤层及空区下开采技术概况

1.2.1　浅埋煤层开采技术发展历程

本书的研究对象是浅埋近距离煤层群，其基本赋存特征是：地表沟谷地貌发育，埋藏浅（埋深小于200m）、基岩薄、顶板为单一关键层结构、上覆松散砂土层，可采煤层多、间距小、煤层厚[1,5~7]。我国浅埋煤层开采方法升级历程如下：20世纪50年代起主要采用炮采进行房式采煤，1979年开始先后引进多种型号连续采煤机，并在多个矿区进行掘进和房采试验，1995年起神东公司先后引进旺采技术及连续采煤机线性支架等配套设备[8~12]，并在实践中不断改进完善开采工艺，先后在大海则、哈拉沟等10个矿井成功应用短壁开采技术并取得良好的经济效果[13~22]。在淘汰房式采煤方法过程中，多个煤矿进行长壁采煤方法试验均因浅埋煤层矿压显现剧烈，单体支柱不能有效控制顶板而失败，有的矿区改为刀柱式采煤法，有的改进为长壁间隔式开采方法[23~25]。1993年神东公司第一个综采工作面在大柳塔煤矿1^{-1}煤层1203工作面投产[26]。此后，随着机械设备与采煤技术的发展，超长、大采高长壁工作面逐渐在西北矿区试验应用[27~32]。

1.2.2　浅埋长壁工作面矿压规律

浅埋煤层长壁工作面的矿压显现特点是：工作面开采后，上覆岩层只发育垮落带和裂隙带，没有弯曲下沉带，顶板易出现全厚切顶垮落、台阶下沉现象，具有明显的动载现象，来压动载系数比较大，导致支架压死、突水溃沙等事故时有发生[3,5,7,33~40]。影响浅埋煤层矿压显现的因素包括松散层厚度、顶板基岩厚度、支架工作阻力、采高、直接顶厚度、推进速度、地貌等[41~44]。侯忠杰、张俊云等[45]分析了基岩厚度/采高大于 15 时顶板活动规律，为相似条件下煤层开采提供了理论支持。侯忠杰等[46]研究了宝山煤矿 6101 厚砂层薄基岩综采工作面矿压规律。任艳芳、张杰等[47~49]通过现场实测的研究方法，阐明了浅埋深工作面矿压显现特征与支架适应性，分析了厚松散层浅埋煤层工作面开采过程中存在大小周期来压的原因。侯忠杰等[50~53]把关键层理论应用于地表厚松散层浅埋煤层中，在分析组合关键层有关参数的基础上，推导出了组合关键层初次来压步距和周期来压步距的计算公式。张东升等[54]通过矿压观测揭示了土基型浅埋煤层矿压规律，并分析了基载比对矿压显现规律和顶板活动规律的影响。李凤仪[55]分析了上覆松散层动载荷作用下的移动规律，揭示了工作面短暂剧烈的动载现象，提出了强支架、短砌块工作面顶板控制原理。黄庆享、侯忠杰、陈忠辉等[56~65]分别通过理论模型计算、数值模拟分析、相似模拟实验研究了浅埋煤层不同地质条件、回采工艺、采高等情况下工作面支架合理工作阻力确定方法与适应性分析。许家林、范钢伟等[42,66,67]研究了不同推进速度对工作面矿压规律的影响，采用矿压监测与数值模拟的方法揭示了工作面在高速推进情况下（大于 10m/d）工作面周期来压持续时长显著增加，而周期来压步距、支架支承压力和动载系数的变化相对减小，浅埋深煤层地貌形态对回采矿压影响的研究中已深入分析了不同地貌类型（冲沟、平缓）、地貌物理特征参数（沟深、倾角）、地质条件（土砂型、基岩型）、工作面推进与地貌特征空间关系（背沟、向沟）等因素对其影响规律[68~75]。长壁工作面采用全部垮落法管理顶板，采空区内垮落的破碎岩体随时间增长逐渐压实，采空区中煤柱承载特性及稳定特征对下组煤层开采影响重大[76~78]。

1.2.3　浅部采空区探测及煤柱稳定性分析

浅部房式、间隔式采空区探测及稳定性研究是非充分垮落采空区下安全高效开采的重要基础。浅层地震法、地震 CT、探地雷达法和可控源音频大地电磁测深法等方法在采空区探测中得以应用[79,80]，探测采空区稳定性及残留煤柱损伤状态是分析煤柱承载特征的基础。来兴平、李夕兵、薛希龙等分别采用未确知测度理论、AHP-灰色聚类模型、危险源分级等方法研究房式采空区稳定性[81~84]，以评估回收房柱的风险；国内学者常用弹塑性理论、尖点突变理论或 SMP 破坏准则等方法[85~88]，评估残留煤柱的损伤状态，其核心思路一致：去除煤柱两侧的塑性区宽度为煤柱的有效承载面积，均未考虑煤柱的风化与蠕变耦合效应的影响；而煤岩风化后，其抗压强度显著降低、塑性增强[89]，加之蠕变效应的影响，残留煤柱损伤状态评估的难度增加，同时也给残留煤柱承载计算带来难度。针对残留煤柱承载的计算，多基于煤柱原有设计尺寸和实验室测试煤样强度，将残留煤柱上方承载体简化为护巷煤柱上方的倒梯形柱或房式煤柱上方的矩形柱[87,90]；但由于残留间隔式煤柱损伤状态的复杂性、两侧覆岩垮落情况及地表冲沟地貌发育的特殊性，如采用上述方法，势必导致计算结果与实际情况相差甚远。目前，康红普等采用原位测试的方法测试煤岩强度[91,92]，白庆升、高富强等采用的数值反演方法确定煤柱承载成为一种值得探索的研究方向[93~99]，为本书的研究内容提供了可借鉴的方法。

1.2.4　采空区破碎岩体承载特性

破碎岩体压实特性是研究矿山地下工程的基础工作之一。完整岩体破坏后形成形状、大小不规则的岩块，岩块之间含有较多的空隙，但破碎岩体仍具有一定的承载能力，通过碎石的压实特性研究可掌握碎石承载、变形特征，此研究对其工程应用具有重要的意义。

废弃采空区中存在安全隐患，原位测试的方法实施难度大，目前研究碎石压实特性的主要方法为理论研究、实验室实验与数值模拟。Salamon 揭示采空区碎石压实过程中，随孔隙率的减小，应力以指数形式增长，提出并修正了碎石压实过程中应力-应变公式[100,101]；Smart 和 Haley 应用顶板岩层倾斜理论研究了采空区内破碎岩体抗压特性，并将应力-应变曲线拟合为四阶多项式形式[102]；Trueman 通过实验得出碎胀系数为 1.5 时碎石的双曲线型应力-应变曲线[103]；Yavuz 通过拟合实验数据的方法获取了碎胀系数为 1.15~1.6 之间时碎石压实特征曲线及公式[104]；梁冰等将采空区分为低应力区、应力升高区、应力平稳区，研究了浅埋煤层采空区中垮落岩体碎胀特性[105]；郭广礼等研究认为碎胀系数与轴向压力之间总是满足自然对数关系[106]，垮落岩体碎胀特性空间分布不均匀；王永胜等将采空区内顶板垮落岩块按形态划分为松散堆积区、载荷影响区和压实稳定区[107]。

由于岩石为典型的各向异性材料，影响破碎岩石压实特性的因素众多，实验不仅可以得到不同岩性破碎岩体变形特征，还能修正理论公式。张振南等通过松散岩块压实试验研究了破碎岩块的压实、破碎规律，试验结果表明：松散岩块的切线模量与轴向应力间呈指数关系，而其割线模量与轴向应力则呈线性关系，松散岩块的切线模量和割线模量均与轴向应变呈指数相关性，破碎岩石的侧限压缩模量与孔隙率之间既可用指数关系也可用幂函数关系来描述[108~110]；马占国等通过实验研究了砂岩、页岩、煤和泥岩等碎石的应力-应变曲线，并将此曲线分为快速压实、缓慢压实和稳定压固三个阶段，分析了岩石强度、块径、压实应力与碎胀性、压实度、密度以及能耗的关系[111]。

张广伟等[112]研究了岩体下沉系数衰减指数与单位长度断裂块数间的相互关系，并结合工作面矿压观测资料，回归了不同岩性顶板垮落步距与采深之间的函数关系,进而通过推导得出了下沉系数与采深和岩性影响系数间的关系式。郭文兵等[113]通过计算分析,提出了厚松散层开采条件下充分采动的临界宽度,得到了厚松散层下的下沉系数,为矿区厚松散层下"三下"采煤提供了依据;贾苏强[114]列举出 5 个计算条带开采下沉系数的经验公式,分析了采深、采厚、采出率、采宽、留宽大小的变化对条带开采下沉系数的影响,以及 5 个条带开采下沉系数经验公式的表达特征;郭文兵、邓喀中、邹友峰等[115~117]采用人工神经网络方法建立了地表下沉系数的计算模型,经多组训练求算出较为准确的下沉系数,为地表下沉系数计算开辟了新方法。

缪协兴等[118]对岩(煤)样进行了较为系统的碎胀与压实特性研究,测定了岩石(煤)的碎胀系数、碎胀曲线、压实曲线和侧压曲线;张振南等[119~121]对松散岩块压实试验研究,得到了变形模量与轴向应力、轴向应变的相关性规律,得出松散岩块的压实破碎规律。研究结果表明,岩石破碎主要发生在载荷相对较小的情况下,相对压力 β(即所施加的压力与岩块单轴抗压强度的比值)小于0.5~0.6。当载荷超过这个范围时,岩块的破碎率就很小了,颗粒级配基本保持不变,而且对于强度低的岩块,所产生的细颗粒的成分相对较多。缪协兴、张振南等[122]得出了当轴向压力一定时,侧向压力随岩石块度及强度的增大而减小的结论。葛修润等[123]研究得出了松散岩块的侧限压缩模量与孔隙率、岩块抗压强度之间的关系,岩块强度与压缩模量之间呈线性关系,直线方程斜率和截距均与破碎岩体的孔隙率关系密切。马占国、浦海、茅献彪等[124~126]总结了饱和的松散煤矸石压实试验过程中轴向应变、横向应变、泊松比、弹性模量等抗压特性参数的变化规律,此研究为煤矸石的工程应用提供依据。

郭广礼等[127]根据长壁采空区及覆岩中次生结构面特征,将覆岩结构划分为断裂坚硬和半坚硬岩石、垮落大块岩石、垮落小块岩石、破碎岩石四类,通过碎胀压缩实验研究采空区碎岩碎胀与压密特性。

王文学等[128]研究分析了采空区裂隙岩体应力恢复的时空特征,在分析采空区垮落破碎岩体的应力应变特征的基础上推导建立了采空区垮落破碎岩体应力恢复与地面沉降之间的函数关系,引入地表移动过程的 Knothe 时间函数,给出了采空区破碎岩体应力恢复随时间变化的函数关系,阐明了采空区垮落破碎岩体应力恢复与地面沉降及时间之间的函数关系。

梁冰、汪北方等[129]采用理论分析、数学建模与现场应用相结合的方法,对神东矿区某矿 32302 工作面采空区垮落岩体应力变化与碎胀系数分布规律进行研究。分析了覆岩"两带"结构特征,划分采空区垮落岩体应力和碎胀系数分区。根据悬臂梁及弹性地基梁理论,推导了各分区垮落岩体应力变化公式,建立了碎胀系数分布模型。

实验室测试条件与原位测试应力环境有显著差异,研究破碎岩体压实特性具有一定局限性。数值反演具有成本低、可重复性强等特征，是研究破碎岩体力学特性的一种热点研究方法。马占国等利用 PFC^{2D} 程序建立不同矸石含量与节理强度的充填模型，并测试了模型的应力-应变特性[130]；张吉雄等结合 Matlab 与 PFC^{2D} 程序建立了随机碎石模型，通过双向压缩试验研究了碎石抗压特性[131]，线弹性、双线弹性、应变硬化等本构模型也广泛应用碎石模拟计算中[103,132~135]；Singh、白庆升开发了一种新模型计算了长壁采空区内破碎岩石压实及承载特性[136,137]；Badr，黄艳利等采用 Salamon 模型模拟采空区压实特征并获取经验常数[101,138,139]；白庆升等[137]采用采空区压实理论对 $FLAC^{3D}$ 中的双屈服本构模型进行二次开发，对采空区的垂直应力、弹性模量等力学参数进行了较为严格的理论修正，较精确地求得垮落带岩体的应力-应变关系，进而获得采空区及围岩对采动的真实响应，并与理论求解进行了比较，验证了采空区压实理论及其算法的可行性；王晓等[140]通过颗粒离散元程序 PFC^{2D} 建立了采空区矸石压缩模型，采用分析不同级配方案研究了矸石压缩的力学特征。

1.2.5 浅埋煤层开采致灾机理

本书探讨的基本问题是：非充分垮落采空区下重复采动致灾机理及预测防控。目前，有文献涉及间隔式采煤方法、参数确定及间隔式煤柱稳定性监测[24,141,142]，也有学者试图分析间隔式煤柱下方工作面动压形成机理[143]，但套用的是残留护巷煤柱致灾机理的研究思路，且仅限于理论和模拟分析，研究重点也未涉及间隔式煤柱损伤状态及其承载特征、间隔式煤柱内应力场的演变规律及其与失稳类型的关系、间隔式煤柱失稳动载的形成机制及其传递衰减规律与控制等内容。房式采空区参数、顶板形态特征，采空区中煤柱尺寸及稳定特征研究主要针对单层房式采空区情况进行[144~147]，有关双层或多层房式采空区下开采顶板中应力分布、垮落特征及致灾机理未有研究。

针对残留煤柱顶板重复采动失稳致灾机理的研究，主要成果较多基于"砌体梁""传递岩梁"和"关键层"等理论[52,87,148~150]，从分析重复采动前后残留煤柱顶板关键块稳定性入手，研究基本顶"S-R"稳定条件[146]；王方田等[90]建立"覆岩-残留房式煤柱"复合结构稳定性分析的力学模型，探讨残留房柱重复采动应力演化与致灾机制。上述理论研究未充分考虑残留煤柱尺寸和强度不同的影响，同时也未能反映残留煤柱内应力场的演变规律，有一定的局限性。李忠华等[151]对弹塑性煤柱内应力场进行了计算，也有学者采用数值模拟方法阐述煤柱内应力场的演化规律，但其主要目的是进行护巷煤柱设计，未涉及充分采动残留煤柱失稳类型与内应力场演变的关系。由于残留煤柱的失稳类型（超前失稳、切顶失稳、滞后失稳）不同，其致灾机理也不尽相同。因此，需对煤柱的失稳类型及其内应力场演变的关系，尤其是煤柱失稳时，是否有应力梯度陡变现象及其与煤柱失稳类型的相关关系进行深入研究。

　　针对残留煤柱应力在底板的传递规律与控制方面，有学者采用弹性理论对底板应力进行解析，计算底板附加应力，采用积分变换计算解析应力变化与变形[151~155]，其主要目的是确定采动后底板的破坏深度，防控底板突水事故；也有学者模拟分析底板应力场演化对下位巷道围岩稳定的影响[156~158]。但上述研究考虑的是静载条件下的压力传递关系，未涉及动载在底板的传递规律。由于残留煤柱失稳的动载远超过支架支护强度，单纯靠更新设备提高支架支护强度防控顶板灾害是行不通的，需要采取残留煤柱预处理、下煤层工作面开采设计优化等措施综合防控。张辉、李浩荡等[159,160]试验了残留房式煤柱的爆破效果，但残留间隔式煤柱宜采用何种控制技术措施防控压巷、压架等事故的发生，尤其是相关技术措施与动载强度弱化的定量关系，是值得进一步探索的问题。

1.2.6　浅埋采空区下开采顶板控制技术

　　浅埋采空区下开采顶板控制技术是本书研究的重点内容，目前关于此内容的研究成果主要分为两类：（1）让压。让压开采是将压力转移出工作面、回采巷道至采空区或煤柱中，其方法主要包括回采巷道的布置方式、工作面参数优化、降低推进速度等[32,76,77,161]。（2）卸压[162]。卸压的目的是改善工作面与巷道围岩的应力分布状态。根据卸压机制不同，卸压施工的工艺可分为：1）压力拱理论[163~170]。将工作面与回采巷道布置于卸压区，如开采上、下的解放层或保护层。2）支承压力理论。降低围岩强度或密度，如帮墙开槽、钻孔、钻孔爆破，注水软化帮墙[171~175]。3）最大水平地应力理论。设置"应力屏障"或隔断开采。4）板理论。缩短悬臂板的长度，如切顶支架、爆破或注水软化切断顶板，减小悬臂板的长度[176]。5）卸压支护理论。采（掘）前卸压或采（掘）后卸压[177]。6）轴变论[178,179]。合理设计工作面与巷道的布置方案、尺寸、形状等参数，如尽可能设计巷道中线方向和岩体应力中最大主应力矢量方向平行，设计等应力或无拉力轴比。7）切顶卸压沿空留巷无煤柱开采技术[180,181]。上述七种理论和方法中除轴变论外，其余的卸压工艺均涉及爆破法，爆破卸压简便、经济、可行性强，爆破工艺及参数优化在卸压方面的应用及发展前景广泛。

　　本书以浅埋近距离煤层群安全开采为研究目的，通过分析基于风化与蠕变耦合作用下间隔式煤柱损伤状态，结合前期积累的回采工作面数据，提出等效煤柱计算方法，并对非充分垮落采空区进行三维数值反演，揭示非充分垮落采空区中煤柱的承载特征；建立"覆岩-间隔式煤柱"复合结构及稳定性分析的力学模型，研究典型条件下煤柱内应力场受重复采动前、后应力梯度的演变规律，分析煤柱失稳类型与其内应力场应力梯度演变的相关关系，揭示煤柱不同失稳类型的动载形成机理；建立煤柱采空区底板应力波传递模型，分析煤柱不同失稳类型动载强度的传递衰减规律及其关键影响因素，并开发相应的顶板灾害防控技术。研究成果对完善浅埋近距离煤层群灾害防控理论具有积极意义。

1.3 研究内容及方法

1.3.1 主要研究内容

1.3.1.1 浅部非充分垮落采空区顶板特征

建立间隔式采空区基本顶力学分析模型，分析基本顶内应力分布特征，运用岩石强度准则判断基本顶稳定状态，结合间隔式采空区、煤柱分布及地形特征，建立采空区煤柱群数值计算模型，铺设冲沟发育地貌间隔式采空区下开采相似模型，判定采空区顶板垮落特征，从而确定冲沟发育地貌浅部非充分垮落采空区内顶板稳定状态。

1.3.1.2 煤柱群长期承载特征及稳定性评价

实验室测试煤岩体力学参数，借助数值模拟软件校核岩性参数，建立间隔式煤柱承载特性研究数值模型，布置测线监测煤柱中应力分布规律，拟合煤柱上覆集中载荷曲线获取其表达式。基于上覆采空区分布及煤柱分布、尺寸、煤柱上覆载荷，结合煤柱完全塑性失稳后其邻近煤柱上覆平均载荷变化规律提出间隔式煤柱群失稳判别方法，评价采空区中煤柱群稳定性。

1.3.1.3 采空区内破碎岩体承载特性及上覆集中载荷确定方法

本书研究了破碎岩体的建模、赋参方法及压实特性。通过参数化 3D Voronoi 块体及其剖分方法建立初始模型，结合块体随机删除程序，建立不同碎胀系数的破碎岩体模型。引入 Weibull 分布模型描述破碎岩块的岩性分布特征，建立单轴压缩与巴西劈裂模型，校核岩石及节理力学参数。以校核后力学参数为平均值，结合 Weibull 分布系数生成多组岩性参数，编制 FISH 程序实现破碎岩体单元及节理参数随机分布模型，通过单轴压缩实验研究不同碎胀系数的破碎岩体模型压实特征。根据间隔式采空区基本顶两端固支梁垂直位移分量，结合采空区垮落带高度及破碎岩体承载特征，确定南梁煤矿间隔式采空区内破碎岩体上覆集中载荷作用范围及表达式。

1.3.1.4 集中载荷在底板中的传递规律与下组煤顶板破断特征

基于不同地貌下间隔式煤柱长期承载特征，拟合煤柱上覆集中载荷分布规律，结合采空区内碎石承载特征表达式，利用弹性力学中集中载荷作用下半无限平面理论与坐标系平移方法计算间隔式采空区下方底板中应力传播规律，引用应力集中系数的方法描述间隔式煤柱群下方底板中应力集中、降低区域分布规律，确定应力集中最大影响深度。建立二维离散元数值模拟模型，研究不同地貌下间隔式采空区下方重复采动过程中煤柱、上覆岩层破断特征及支架支承压力变化规律。

1.3.1.5　非充分垮落采空区下工作面的动载响应特征与控制方法

基于 30107 工作面支架工作阻力实测数据，归纳总结工作面顶板活动规律特征，分别研究实体煤下方工作面与间隔式采空区下方支架工作阻力、动载系数、顶板破断规律的异同。采用深孔预裂间隔煤柱的方法控制煤柱突变失稳、两层采空区顶板破断产生的冲击载荷，通过对比预裂前后工作面上部与前方支承压力变化特征确定炮孔布置方案、装药方式、超前爆破距离，有效降低顶板破断产生的冲击载荷，防止压架事故发生，实现浅部非充分垮落采空区下近距离煤层安全开采。

1.3.2　主要研究方法

本书采用采矿学与弹性力学、岩石力学、断裂力学等多学科理论相结合，实验室实验、物理模拟、数值计算和现场实测相互验证的研究方法，技术路线如图 1-2 所示。

1.3.2.1　试验研究方法

监测现场采空区地表裂隙发育及沉降特征，确定采空区垮落状态；通过煤岩体力学参数测定实验，为理论计算、数值模拟与反演提供基础力学参数；开展相似模拟试验，研究重复采动过程中覆岩动态破坏规律和应力演化规律，测试煤柱内应力及塑性区分布特征，为揭示煤柱损伤机理和进行承载计算提供依据；开展间隔式煤柱下工作面开采的试验，借助数值模拟的方法监测煤柱应力、支架工作阻力、地表沉陷规律等围岩效应特征，检验并进一步修正煤柱重复采动致灾机理与防控的研究成果。

1.3.2.2　理论分析研究方法

研究间隔式采空区基本顶分层在不同地貌形式下弯曲变形特征，提出间隔式煤柱的等效模拟方法；建立基本顶稳定性分析的力学模型，构建煤柱失稳类型与其内应力场应力梯度演变之间的关系，提出间隔式煤柱失稳类型判别方法；建立间隔式采空区底板应力波传递的理论模型，制定非充分垮落采空区下工作面开采动力灾害防控技术方案；结合数值模拟和试验研究结论，对理论研究成果进行修正和完善。

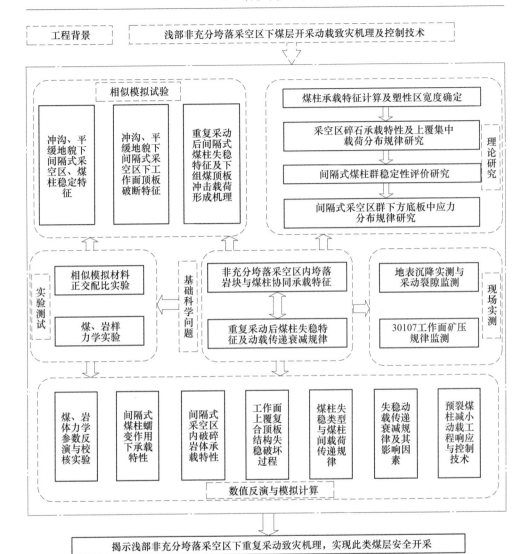

图 1-2 技术路线

1.3.2.3 数值模拟研究方法

利用有限差分程序 FLAC^{3D} 中流变本构模型反演煤柱蠕变力学特性，确定煤柱等效面积，拟合承载方程，基于采空区压实理论反演不同垮落系数承载规律及底板中应力分布特征，模拟重复采动后煤柱内应力演化规律及损伤特性。

利用块体离散元程序 UDEC 与 3DEC，在岩石强度反演的基础上，数值分析不同承载时间的间隔式煤柱强度，反演间隔式采空区三维承载特征；模拟分析"覆岩–间隔式煤柱"复合顶板结构重复采动失稳破坏过程，不同开采条件下煤柱的失稳类型、动载特征及内应力场的演化规律，确定煤柱内应力场的演变规律及其与失稳类型的关系；模拟分析煤柱失稳类型动载的传递衰减规律，与理论研究和试验研究结果相互验证。

1.4 研究目标及创新点

1.4.1 主要研究目标

针对神府煤田冲沟发育地貌近距离煤层群开采地质条件，以浅部非充分垮落采空区集中载荷分布下，近距离煤层开采顶板破断过程中动载的形成、致灾机理与控制技术为研究背景，综合运用理论分析、物理实验、数值计算及现场实测等多维研究手段，揭示间隔式采空区内顶板稳定特征，"煤柱群-采空区碎石"协同承载特性，间隔式采空区内集中应力在下组煤顶板中传播规律，下组煤工作面顶板破断规律及冲击载荷形成机理，并提出了弱化动载的方法。研究成果为邻近矿区相似开采技术条件下煤层安全高效开采提供相关理论支持与工程方案参照。

1.4.2 主要创新点

（1）建立了间隔式采空区基本顶分层的固支梁力学分析模型，量化分析了基本顶内应力、位移分布规律，为不同条件下浅埋煤层间隔式采空区基本顶稳定特征预测提供了理论依据，采用数值计算方法重构并反演得到了间隔式采空区内顶板稳定特征及地表沉陷变形规律，且得到了现场实证。

（2）首次提出了采空区内破碎岩体的三维离散元等效表征方法，开发了 3D Voronoi 块体建立及其多重细化、剖分程序，运用 Weibull 分布模型实现了破碎岩体岩性随机赋值的算法，通过碎石压实特性确定了采空区承载范围及承载特征表达式。基于伯格斯-摩尔流变模型建立了间隔式煤柱稳定及承载特性研究模型，得到了不同地貌下煤柱上覆集中载荷表达式。

（3）建立了一维重整化煤柱群模型，评价了间隔式煤柱群的稳定性；运用弹性力学中集中载荷作用下半无限平面理论与坐标系平移方法，研究了各应力分量在间隔式采空区下方底板中的传播规律，确定了间隔式煤柱群下方应力集中深度，掌握了下组煤顶板中二次应力分布特征，数值计算与相似模拟实验验证了理论研究结果的可靠性。

（4）现场实测与数值计算结果揭示了间隔式采空区及煤柱群下方工作面支架支承压力变化规律，阐明了下煤层工作面顶板运移过程中动载形成机理，提出了深孔预裂间隔煤柱的方法，优化了炮孔布置方案及装药结构，降低了煤柱突变失稳与两层采空区顶板破断形成的冲击载荷，实现了下组煤层安全开采。

2 间隔式采空区顶板稳定性

间隔式开采方法是我国西部矿区特有的，主要应用于开采浅部煤层，防止顶板大面积来压发生动压灾害的一种采煤方法，浅埋煤层群组中上组煤层受当时开采技术及设备的制约。间隔式开采方法在神府矿区中小型煤矿应用广泛，其中，仅南梁煤矿、杨伙盘煤矿及周边矿井遗留间隔式采空区面积就约 6000 万立方米。

间隔式开采煤层遗留大量间隔采空区及条形煤柱，采空区内顶板垮落、承载特征、煤柱承载特性及稳定性均影响底板中二次应力分布规律，下组煤开采过程中通过顶板中应力集中区域时易发生集中载荷致灾事故，过应力释放区域时存在两层顶板联动垮落产生动载致灾的危险；又由于采空区具有密闭性、危险性，无法深入采空区中进行现场查勘及原位实验，因此，确定间隔式采空区稳定特性是研究非充分垮落采空区顶板垮落特征及承载特性的基础，对下组煤层安全开采方法研究具有重要意义。

本章以南梁煤矿间隔式开采地质概况和技术条件为实例，采用理论计算、数值模拟、相似模拟等手段相互结合的方法，重点研究间隔式采空区基本顶变形特征及采空区顶板垮落特征，从而揭示间隔式采空区直接顶、基本顶稳定形态。此研究既弥补了间隔式开采采空区稳定性研究的空缺，又为下文中间隔式开采煤层底板岩层中应力分布规律的理论与数值计算研究奠定基础。

2.1 间隔式开采煤层地质特征

在南梁煤矿，间隔式开采方法主要应用于 2^{-2} 号煤层开采中，间隔式工作面沿煤层走向布置，沿倾向间隔推进，即工作面每推进 50m 留 10m 煤柱，间隔煤柱搬家到新的开切眼再继续推进。此开采方法不仅采出率比矿区中小煤矿所采用的房柱式高出很多，达 60% 以上，而且回采方法的各种优点又可防止初次来压步距过大而伴随出现的动压灾害，还可通过煤柱的合理设计避免大面积来压。

南梁煤矿井田地表为典型的黄土丘陵沟壑地貌，地形复杂，沟壑纵横，坎陡沟深，地表侵蚀强烈。井田内主可采煤层为 2^{-2} 号、3^{-1} 号煤层，层间距平均约 35m；5^{-1} 号煤层大部分可采；1^{-2} 号、$3^{-1}_{下}$ 号、5^{-2} 号为局部可采煤层。2^{-2} 号煤层为中厚煤层，基本全区可采，埋深 0.00~177.94m，煤层厚度为 1.03~2.67m，平均厚度为 2.06m，结构简单，顶、底板岩层描述见表 2-1；3^{-1} 号煤层以中厚~厚煤层为主，全区可采，变化规律明显，结构较复杂但清晰，埋深 0.00~222.81m，平均 117.45m，顶、底板岩层描述见表 2-2。

表 2-1　2⁻²号煤层顶、底板参数

顶底板名称	岩 性	岩层厚度/m	岩性描述
基本顶	中砂岩	3～6	均匀层理，含少量炭屑，下部夹镜煤条带
直接顶	砂质、泥岩	1.0～2.0	以泥质为主，富含碳化植物叶茎化石，具有滑面
伪顶	砂质、泥岩	0～0.5	以泥质为主，裂隙发育
直接底	泥岩、粉岩	1～3	以泥质为主，遇水易软化成泥
老底	中砂岩	3～6	均匀层理为主，含炭屑

表 2-2　3⁻¹号煤层顶、底板参数

顶底板名称	岩性	岩层厚度/m	岩性描述
基本顶	粉砂岩	5～12	泥质胶结，均匀层理，局部有粉砂岩薄层
直接顶	粉砂岩	0.3～1.1	块状层理，裂隙发育，局部夹有泥岩薄层，具有小型滑面，易垮落
伪顶	细粉砂岩	0～0.7	均匀层，见滑面，较松软，易垮落
直接底	粉砂岩	2～5	均匀层理，富含植物化石碎屑，硬度小
老底	细砂岩	5～10	具水平层理，遇水易软化

2.2　不同地貌下间隔采空区顶板稳定性

间隔式采空区顶板采用全部垮落法处理，顶板变形稳定及特征可参照长壁开采，但由于间隔式煤柱的支承作用，顶板的稳定状态与长壁开采充分采动又具有明显的区别。长壁开采采空区全部垮落处理顶板方法中，顶板岩层全部垮落后，随时间推移，采空区逐渐压实，而间隔式采空区中顶板的稳定特征和煤柱稳定性关联紧密。当工作面后方间隔煤柱在垂直方向集中应力的作用下处于完全塑性状态时，可等效地认为间隔式采空区顶板垮落特征与长壁开采采空区顶板破断规律一致；当间隔式煤柱处于稳定状态（两侧塑性，中间弹性）时，采空区顶板稳定特征与刀柱法处理采空区形式有相似之处，煤柱均支承两侧顶板稳定。因为间隔式采空区宽度为 50m 左右，煤柱两侧一定范围内顶板受煤柱支承压力作用处于稳定状态，远离煤柱的采空区中间部分稳定特征未知，因此，确定采空区顶板的稳定状态是量化研究采空区集中载荷分布规律的前提。

2.2.1　平缓地貌间隔式采空区基本顶变形特征

浅埋煤层覆岩多为单一关键层结构，因此，关键层稳定状态对地表沉陷及采空区稳定状态起决定性作用，根据关键层稳定状态及采空区顶板中其他层位岩层垮落概况，可将间隔式采空区中顶板稳定特征分为三类：（1）基本顶弯曲下沉且悬空；（2）采空区中部顶板垮落岩块被压实；（3）顶板充分垮落且采空区处于压实状态。作为间隔式采空区承载特性研究工作的前提，应首先建立采空区顶板变形特性研究的模型，计算其变形规律，进而结合数值计算结果与现场显现特征，判断采空区顶板稳定形态。

采用两端固支超静定梁在均布载荷作用下的力学模型，研究基本顶稳定形态，建立如图 2-1 所示的力学模型。由于间隔式采空区两侧均为间隔煤柱，将基本顶稳定性特征研究模型视为平面应力模型，建立两端固支的均载超静定梁力学解析模型。如标注所示，基本顶厚度为 h_b，基本顶在工作面推进方向的跨度为 l，基本顶中部虚线为中性线。

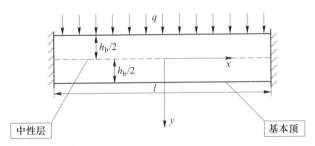

图 2-1　平缓地貌间隔式采空区基本顶力学模型

图 2-1 所示两端固支的超静定间隔式采空区基本顶矩形截面横跨梁，梁上部均布载荷 q 为基本顶上覆岩层的自重。因此，两端固支梁的上、下正应力（垂直于横截面的应力分量）边界条件可表示为：

$$\left.\begin{array}{c}(\sigma_y)_{y=h_b/2}=0\\(\sigma_y)_{y=-h_b/2}=q=\gamma h\end{array}\right\}\tag{2-1}$$

式中，h 为基本顶埋深；h_b 为基本顶分层厚度；γ 为覆岩平均容重。

不记梁体自重，设正应力在水平方向不变，因此，$\sigma_y=f(y)$；$\sigma_y=\dfrac{\partial^2\varphi}{\partial x^2}$，应力函数可表示为[182]：

$$\varphi=\frac{1}{2}x^2 f(y)+xf_1(y)+f_2(y)\tag{2-2}$$

结合相容方程（$\Delta^4\varphi=0$），应力函数表达式可表示为：

$$\varphi=\frac{1}{2}x^2(Ay^3+By^2+Cy+D)+x(Ey^3+Fy^2+Gy)-\frac{A}{10}y^5-\frac{B}{6}y^4+Hy^3+Ky^2\tag{2-3}$$

式中，A、B、C、D、E、F、H、K 均为待定常数。

两端固支梁内各应力分量表达式为：

$$\sigma_x = \frac{\partial^2 \varphi}{\partial y^2} = \frac{1}{2}x^2(6Ay + 2B) + x(6Ey + 2F) - 2Ay^3 - 2By^2 + 6Hy + 2K$$

$$\sigma_y = \frac{\partial^2 \varphi}{\partial x^2} = Ay^3 + By^2 + Cy + D \tag{2-4}$$

$$\tau_{xy} = \frac{\partial^2 \varphi}{\partial x \partial y} = -x^2(3Ay^2 + 2By + C) - (3Ey^2 + 2Fy + G)$$

由图 2-1 可知，两端固支梁力学模型的位移边界约束和应力边界均对称，因此，模型弹性力学解析解中正应力关于 y 轴对称（偶函数），剪切应力关于原点对称（奇函数）。

$$\sigma_x(-x) = \sigma_x(x); \ \sigma_y(-x) = \sigma_y(x); \ \tau_{xy}(-x) = -\tau_{xy}(x)$$

结合式（2-4）可确定：

$$E = F = G = 0 \tag{2-5}$$

剪应力边界条件为：$(\tau_{xy})_{y = \pm h_b/2} = 0$，结合正应力边界条件可得：

$$A = -\frac{2q}{h_b^3}; \ B = 0; \ C = \frac{3q}{2h_b}; \ D = -\frac{q}{2} \tag{2-6}$$

将式（2-5）、式（2-6）代入式（2-4）可得：

$$\sigma_x = \frac{6q}{h_b^3}x^2y + \frac{4q}{h_b^3}y^3 + 6Hy + 2K$$

$$\sigma_y = \frac{2q}{h_b^3}y^3 + \frac{3q}{2h_b}y - \frac{q}{2} \tag{2-7}$$

$$\tau_{xy} = \frac{6q}{h_b^3}y^2x - \frac{3q}{2h_b}x$$

应力分量式（2-7）中，H、K 常量待定，结合几何方程、物理方程即可确定。

几何方程：$\varepsilon_x = \dfrac{\partial u}{\partial x}$；$\varepsilon_y = \dfrac{\partial v}{\partial y}$；$\gamma_{xy} = \dfrac{2(1+\mu)}{E}\tau_{xy}$

物理方程：$\varepsilon_x = \dfrac{1}{E}(\sigma_x - \mu\sigma_y)$；$\varepsilon_y = \dfrac{1}{E}(\sigma_y - \mu\sigma_x)$；$\gamma_{xy} = \dfrac{2(1+\mu)}{E}\tau_{xy}$

将式（2-7）与几何方程代入物理方程得：

$$\begin{cases} u = \dfrac{1}{E}\left[-\dfrac{2q}{h_b^3}x^3y + x\left(\dfrac{4q}{h_b^3}y^3 + 6Hy + 2K\right) - \mu x\left(-\dfrac{2q}{h_b^3}y^3 + \dfrac{3q}{2h_b} - \dfrac{q}{2}\right) + g_1(y) \right] \\[2mm] v = \dfrac{1}{E}\left[-\mu x\left(-\dfrac{2q}{h_b^3}x^2y^2 + \dfrac{q}{h_b}y^4 + 3Hy^2 + 2Ky\right) - \dfrac{q}{2h_b^3}y^4 + \dfrac{3q}{4h_b}y^2 - \dfrac{q}{2}y + g_1(x) \right] \end{cases}$$

$$\tag{2-8}$$

将式（2-8）代入式（2-7）得：

$$-\frac{2q}{h_b^3}x^3 + 6Hx + \frac{6+3\mu}{2h}qx + g_1'(x) = -g_1'(y)$$

由于等式两侧变量不同，因此，等式恒成立的必要条件为等式两边均恒为常数。假设：

$$g_1(y) = -wy + u_0 \; ; \; g_1(x) = \frac{q}{2h_{\rm b}^3}x^4 - 3Hx^2 - \frac{6+3\mu}{4h_{\rm b}}qx^2 + wx + v_0 \qquad (2-9)$$

将式（2-9）代入式（2-8）得：

$$u = \frac{1}{E}\left[-\frac{2q}{h_{\rm b}^3}x^3y + x\left(\frac{4q}{h_{\rm b}^3}y^3 + 6Hy + 2K\right) - \right.$$

$$\left. \mu x\left(-\frac{2q}{h_{\rm b}^3}y^3 + \frac{3q}{2h_{\rm b}} - \frac{q}{2}\right) - wy + u_0 - wy + u_0 \right]$$

$$v = \frac{1}{E}\left[-\mu x\left(-\frac{2q}{h_{\rm b}^3}x^2y^2 + \frac{q}{h_{\rm b}}y^4 + 3Hy^2 + 2Ky\right) - \frac{q}{2h_{\rm b}^3}y^4 \right.$$

$$\left. + \frac{3q}{4h_{\rm b}}y^2 - \frac{q}{2}y\frac{q}{2h_{\rm b}}x^4 - 3Hx^2 - \frac{6+3\mu}{4h_{\rm b}}qx^2 + wx + v_0 \right]$$

根据两端固支梁的对称性可知：水平位移函数为 x 的奇函数，垂直位移函数是 x 的偶函数，即 $u_0 = 0$，$w = 0$。图 2-1 中两端固支基本顶力学分析模型为理论计算模型，理论模型中梁的两端边界无法产生位移与旋转角度，均为严格的固支条件。采用上述计算结果无法精确地描述其解析解，但基本顶两端固支模型中间隔式采空区上方也并非为严格的理论形式赋存，因此，简化固支端约束条件，将左、右两端边界约束简化为中性层两端处固定不动，结合模型的对称性，可将边界约束表述为：

$$u_{x=l/2,y=0} = 0 \; ; \; v_{x=l/2,y=0} = 0 \; ; \; \left.\frac{\partial v}{\partial x}\right|_{x=l/2,y=0} = 0$$

将边界约束条件代入式（2-8）、式（2-9）可得：

$$v_0 = \frac{ql^4}{32h_{\rm b}^3} \; ; \; H = \frac{ql^2}{12h_{\rm b}^3} - \frac{q(2+\mu)}{4h_{\rm b}} \; ; \; K = -\frac{\mu q}{4}$$

均布载荷作用下，基本顶两端固支超静定梁内应力及位移分量表达式可描述为：

$$\sigma_x = \frac{6\gamma h}{h_{\rm b}^3}x^2y + \frac{\gamma h l^2}{2h_{\rm b}^3}y + \frac{4\gamma h}{h_{\rm b}^3}y^3 - \frac{3\gamma h(2+\mu)}{2h_{\rm b}}y - \frac{\mu\gamma h}{2}$$

$$\sigma_y = \frac{2\gamma h}{h_{\rm b}^3}y^3 + \frac{3\gamma h}{2h_{\rm b}}y - \frac{\gamma h}{2}$$

$$\tau_{xy} = \frac{6\gamma h}{h_{\rm b}^3}y^2x - \frac{3\gamma h}{2h_{\rm b}}x$$

$$u = \frac{\gamma h}{E h_{\rm b}^3}\left\{ -2x^3y + 4xy^3 + xy\left[\frac{1}{2}l^2 + \frac{3(2+\mu)}{2}h_{\rm b}^3\right] - \right.$$

$$\left. \frac{\mu}{2}xh_{\rm b}^3 - \mu x\left(-2y^3 + \frac{3}{2}h_{\rm b}^3y - \frac{1}{2}h_{\rm b}^3\right) \right\}$$

$$v = \frac{\gamma h}{E h_b^3}\left\{-\mu\left[-3x^2y^2 + y^4 + \frac{y^2}{4}(l^2 - (6+3\mu)h_b^2) - \frac{\mu}{2}yh_b^3\right] - \right.$$

$$\left. \frac{y^4}{2} + \frac{3h_b^3y^2}{4} - \frac{h_b^3y}{2} + \frac{x^4}{2} - \frac{l^2x^2}{4} + \frac{l^4}{32}\right\} \qquad (2\text{-}10)$$

式中，μ 为基本顶岩层的泊松比。

式（2-10）中，垂直位移分量 v 为基本顶弯曲下沉大小，取值 $\mu = 0.31$，$E = 4900\text{MPa}$，$l = 50\text{m}$，$\gamma = 0.022\text{MN/m}^3$，$h = 94\text{m}$，将基本顶分层计算，取分层厚度为 4m。间隔式采空区顶板垂直方向位移分量云图如图 2-2 所示，基本顶垂直位移由两个固支端向中间逐渐增加，整体关于 x 轴对称，固支端位移大小为 0，梁中部峰值大小约为 1.23m。

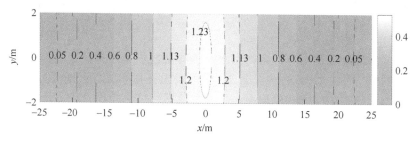

图 2-2　垂直方向位移分量云图

关于梁的理论模型在工作面矿压规律研究中应用广泛，两端固支梁常用于初次来压步距研究中，周期来压步距理论模型常采用悬臂梁模型，梁自身的物理尺寸参数直接影响着梁内应力分布及变形特征。基本顶固支梁物理尺寸灵敏度分析如图 2-3 所示，基本顶悬空状态时，梁上部载荷垂直大小与埋深成正比。如图 2-3（a）所示，位移分量最大值与埋深成正比；如图 2-3（b）所示，基本顶厚度与垂直位移呈三次曲线反比关系，基本顶厚度在 2~3m 范围垂直位移量较大，与现场出入较大，常规地质条件下，基本顶厚度大于此区间。基本顶厚度 3~8m 时基本顶下沉量区间为 0.5~3.5m，此区间基本顶厚度与绝大多数煤矿地质条件相符，适用广泛。当基本顶或分层厚度大于 8m 时，基本顶下沉量较小，处于弯曲状态，此情况更多地适用于坚硬、厚顶板。

基本顶岩层垂直位移分量大小除了与其物理尺寸直接关联外，岩性对其影响也尤其显著。基本顶岩性（弹性模量、泊松比）与垂直位移的影响关系如图 2-4 所示。垂直位移大小与泊松比、弹性模量成反比，岩石强度越大，基本顶下沉量越小，其中，泊松比较弹性模量对垂直位移的影响小。

2.2.2　冲沟地貌间隔式采空区基本顶变形特征

神府矿区地表起伏明显，多为沟壑地貌，工作面推进过程中冲沟地表与工作

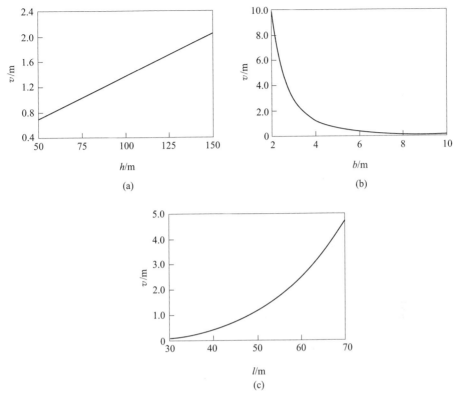

图 2-3 基本顶特征参数对垂直位移分量的影响关系

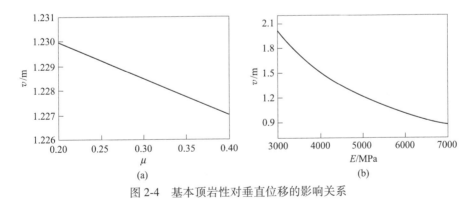

图 2-4 基本顶岩性对垂直位移的影响关系

面相互作用关系复杂。掌握冲沟地貌参数对基本顶稳定性作用机理，可用于冲沟下长壁工作面合理支架阻力大小确定、来压步距预判、间隔式采空区基本顶弯曲变形特征等理论研究。

由于地表形态起伏不定，大量冲沟赋存。采用线性形式描述间隔式采空区基本顶上方载荷，结合线性载荷作用下两端固支梁理论研究，建立的冲沟地貌线性载荷作用下间隔式采空区基本顶力学模型，如图 2-5 所示[183]。

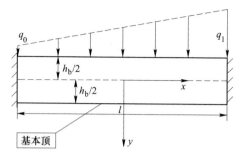

图 2-5　冲沟地貌线性载荷作用下间隔式采空区基本顶力学模型

半逆解法求应力分量可表示为:

$$
\sigma_x =
\begin{bmatrix}
-\dfrac{6q_0x^2y}{h^3} - \dfrac{2(q_1-q_0)x^3y}{h^3l} + \dfrac{4q_0y^3}{h^3} + \dfrac{4(q_1-q_0)xy^3}{h^3l} + \\[2mm]
2\left(-\dfrac{q_0\mu}{4} - \dfrac{1}{8}(q_1-q_0)\mu\right) + \\[2mm]
\dfrac{3xy\left(\begin{array}{l} 80l^3q_0 - \dfrac{27h^2(q_1-q_0)}{l} + 24l^3(q_1-q_0) - \dfrac{18h^4(q_1-q_0)\mu}{l} \\[1mm] + 40h^2l(q_1-q_0)(1+2\mu) + 40h^2lq_0(4+5\mu) \end{array}\right)}{20h^3(4h^2+2l^2+5h^2\mu)} \\[3mm]
\dfrac{1}{40h^3(4h^2+2l^2+5h^2\mu)}y\big(-80l^4q_0 - 32l^4(q_1-q_0) - 120h^2l^2q_0(2+\mu) - \\[1mm]
20h^2l^2(q_1-q_0)(4+5\mu) - 40h^4q_0(4+\mu-5\mu^2) + \\[1mm]
h^4(q_1-q_0)(1+34\mu+100\mu^2)\big)
\end{bmatrix}
$$

$$
\tau_{xy} =
\begin{bmatrix}
-\dfrac{3q_0x}{2h} - \dfrac{3(q_1-q_0)x^2}{4hl} + \dfrac{6q_0xy^2}{h^3} + \dfrac{3(q_1-q_0)x^2y^2}{h^3l} - \\[2mm]
\dfrac{2q_0(q_1-q_0)y^3}{3l} - \dfrac{(q_1-q_0)y^4}{h^3l} - \\[2mm]
\dfrac{3y^2\left(\begin{array}{l} 80l^3q_0 - \dfrac{27h^2(q_1-q_0)}{l} + 24l^3(q_1-q_0) - \dfrac{18h^4(q_1-q_0)\mu}{l} \\[1mm] + 40h^2l(q_1-q_0)(1+2\mu) + 40h^2lq_0(4+5\mu) \end{array}\right)}{40h^3(4h^2+2l^2+5h^2\mu)} + \\[3mm]
\dfrac{240l^3q_0 + 72l^3(q_1-q_0) - \dfrac{h^2(q_1-q_0)(41+4\mu)}{l} + 120h^2lq_0(4+5\mu) + }{160h(4h^2+2l^2+5h^2\mu)} \\[1mm]
\dfrac{20h^2l(q_1-q_0)(7+12\mu)}{160h(4h^2+2l^2+5h^2\mu)}
\end{bmatrix}
$$

$$\sigma_y = -\frac{q_0}{2} + \frac{(q_1 - q_0)x}{2l} + \frac{3q_0y}{2h} + \frac{3(q_1 - q_0)xy}{2hl} - \frac{2q_0y^3}{h^3} - \frac{2(q_1 - q_0)xy^3}{h^3l} \quad (2\text{-}11)$$

式中，q_0 为线性载荷最小值，MPa；q_1 为线性载荷最大值，MPa；μ 为基本顶岩层的泊松比；l 为间隔式采空区上方基本顶宽度，m；h 为基本顶厚度，m。

　　式（2-11）中，$q_0 = 2$MPa、$q_1 = 3$MPa，其余参数与均布载荷梁一致，将半逆解法求解结果结合 Matlab 软件绘制梁内应力分布云图，如图 2-6 所示。由图 2-6（a）可知水平应力关于梁内 $y = 0$ 近似于呈对称分布，上部受压下部受拉；图 2-6（b）中垂直应力分量分布与其上覆线性载荷分布规律保持一致，受压区域面积远小于受拉区域，基本顶下方中部拉应力最大，最大值为 1.9MPa，而粉砂岩抗拉强度为 3.73MPa，因此，基本顶处于弯曲下状态。由上述可知：线性载荷作用下基本顶两端固支结构内水平应力等值线分布规律与均布载荷作用下相似，但应力数值大小不同，顶板弯曲下沉过程中多以拉破坏形式产生损伤，因此，线性载荷对顶板稳定及极限跨距影响显著。

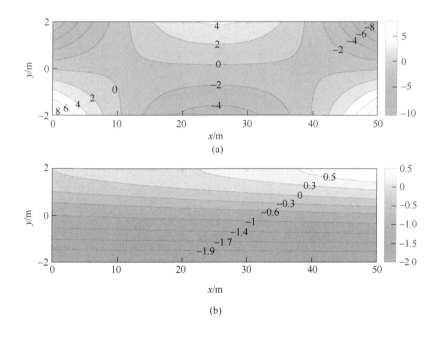

图 2-6　线性载荷作用下基本顶两端固支梁内应力分布云图

（a）水平应力分布云图；（b）垂直应力分布云图

　　位移分量表达为：

$$u = \left[\begin{array}{l} (-40h_{\mathrm{b}}^3 l^2 (q_0-q_1)(y^2+x(-l+x)\mu)-20h_{\mathrm{b}}^5(q_0-q_1)(4+5\mu)(y^2+x(-l+x)\mu)- \\ 16l^2 y(l^3(6q_0 x+4q_1 x)+20lq_0 x(x^2-y^2(2+\mu))-l^2(7q_0+3q_1)(3x^2-y^2(2+\mu))- \\ (q_0-q_1)(5x^4-10x^2 y^2(2+\mu)+y^4(3+2\mu)))+h_{\mathrm{b}}^4 y(q_1(-41-45\mu-348x^2\mu-4\mu^2- \\ 300x^2\mu^2+4y^2(-20-7\mu+9\mu^2)+l^2(33+102\mu+40\mu^2)+2lx(1+34\mu+100\mu^2))+ \\ q_0(41+45\mu+348x^2\mu+4\mu^2+300x^2\mu^2+y^2(80+28\mu-36\mu^2)+ \\ l^2(127+178\mu+60\mu^2)-2lx(161+314\mu+200\mu^2)))+2h_{\mathrm{b}}^2 y(2l^4(7q_0+3q_1)(2+\mu)- \\ 80lq_0 x(4+5\mu)(x^2-y^2(2+\mu))-20l^3 x(q_1(4+5\mu)+q_0(8+7\mu))+20l^2 \\ (q_1(x^2(6+9\mu)-y^2(5+10\mu+4\mu^2))+q_0(3x^2(6+7\mu)-y^2(11+18\mu+6\mu^2)))+ \\ (q_0-q_1)(20x^4(4+5\mu)-x^2(-81+40y^2(8+14\mu+5\mu^2))+ \\ y^2(-27(2+\mu)+y^2(48+92\mu+40\mu^2))))) \Big/ (80Eh_{\mathrm{b}}^3 l(2l^2+h_{\mathrm{b}}^2(4+5\mu))) \end{array} \right]$$

$$v = \left[\begin{array}{l} \dfrac{1}{80E}\left(\dfrac{40q_0 x^4}{h_{\mathrm{b}}^3}+\dfrac{8(q_1-q_0)x^5}{h_{\mathrm{b}}^3 l}+20\left(q_0+\dfrac{(q_1-q_0)x}{l}\right)y\left(-2+\dfrac{3y}{h_{\mathrm{b}}}-\dfrac{2y^3}{h_{\mathrm{b}}^4}\right)+ \right. \\[2mm] \dfrac{80x^2(3lq_0+(q_1-q_0)x)y^2\mu}{h^3 l}-\dfrac{80q_0 y^4\mu}{h_{\mathrm{b}}^3}+20(q_0+q_1)y\mu^2+30(q_0+q_1)y^2\mu^2- \\[2mm] \dfrac{60q_0 x^2(2+\mu)}{h_{\mathrm{b}}}+\dfrac{20(q_0-q_1)x^3(2+\mu)}{h_{\mathrm{b}}l}-\dfrac{1}{2h_{\mathrm{b}}^3 l^2+h_{\mathrm{b}}^5(4+5\mu)}x^2\Big(-16l^4(3q_0+2q_1)- \\[2mm] 20h^2 l^2(q_0(8+\mu)+q_1(4+5\mu))+h_{\mathrm{b}}^4\begin{pmatrix}q_0(-161-74+100\mu^2)+\\ q_1(1+34\mu+100\mu^2)\end{pmatrix}\Big)+ \\[2mm] \dfrac{lx(4l^2(7q_0+3q_1)(4+5\mu)+h_{\mathrm{b}}^2(3q_0(71+174\mu+100\mu^2)+q_1(107+278\mu+200\mu^2)))}{2h_{\mathrm{b}}l^2+h_{\mathrm{b}}^3(4+5\mu)}- \\[4mm] \dfrac{1}{h_{\mathrm{b}}^3 l(2l^2+h_{\mathrm{b}}^2(4+5\mu))}2x^3\begin{pmatrix}8l^4(7q_0+3q_1)+18h_{\mathrm{b}}^4(q_0-q_1)\mu+\\ h_{\mathrm{b}}^2\begin{pmatrix}3q_0(9+40l^2(1+\mu))\\ +q_1(-27+40l^2(1+2\mu))\end{pmatrix}\end{pmatrix}- \\[4mm] \dfrac{1}{h_{\mathrm{b}}^3 l(2l^2+h_{\mathrm{b}}^2(4+5\mu))}2xy^2\mu(8l^2(3l^2(7q_0+3q_1)+10(-q_0+q_1)y^2)+ \\[2mm] \left. 54h_{\mathrm{b}}^4(q_0-q_1)\mu+h_{\mathrm{b}}^2\begin{pmatrix}q_0(81+360l^2(1+\mu)-40y^2(4+5\mu))+\\ q_1(-81+120l^2(1+2\mu)+40y^2(4+5\mu))\end{pmatrix})\right) \end{array} \right]$$

$$(2\text{-}12)$$

式中，垂直位移分量 v 为基本顶弯曲下沉大小，取值 $\mu=0.31$，$E=4900\mathrm{MPa}$，$l=50\mathrm{m}$，$h=10.8\mathrm{m}$，取基本顶分层厚度为 $4\mathrm{m}$。以倾角 $30°$ 的线性载荷作用下基本顶垂直方向位移分量为例，绘制云图，如图 2-7 所示。

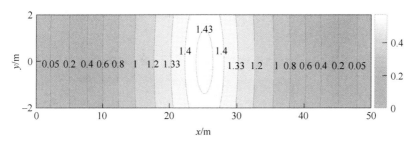

图 2-7 倾角为 30°线性载荷作用下基本顶内垂直位移云图

基本顶内垂直位移仍呈对称分布，基本顶两端位移为零，中间部分数值最大约 1.43m。数值大小与线性载荷斜率及基本顶尺寸、力学参数关联紧密，因此分析各影响因素的灵敏度是必要的。图 2-8 为基本顶固支梁尺寸、力学参数及线性载荷特征等因素与垂直位移之间的影响关系曲线。

图 2-5 中采用了最小值与最大值的描述方式描述了线性载荷的分布特征，另一种描述方式为最小值和斜率的表达方式，由已知载荷特征，可将线性载荷的斜率描述为：

$$k = \frac{q_1 - q_0}{l} \tag{2-13}$$

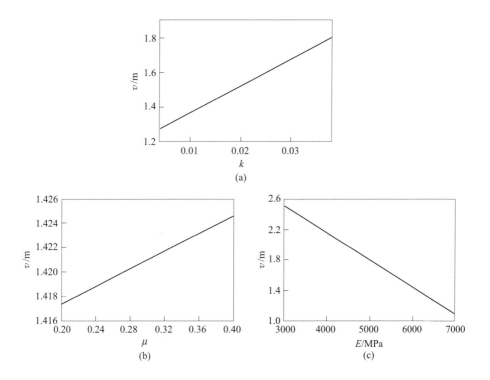

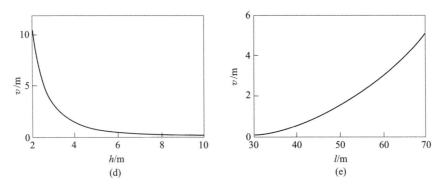

图 2-8　线性载荷下基本顶梁尺寸及力学参数与垂直位移分量的关系

设冲沟的倾角为 θ，基本顶两端对应地表高程差为：

$$\Delta h = l \times \tan\theta$$

设冲沟坡体的平均容重为 $0.022\mathrm{MN/m^3}$，代入上式得：

$$q_1 - q_0 = 0.022 \times \Delta h$$

代入式（2-13）得线性载荷的斜率 k 为：

$$k = 0.022\tan\theta$$

以冲沟倾角 30° 为例，计算得 $k = 0.0127$。

图 2-8（a）为线性载荷斜率 k 对垂直位移最大值的影响曲线。位移垂直分量大小与线性载荷斜率呈正比，冲沟坡体倾角范围若取 10° ~ 60°，对应线性载荷斜率为 0.00388 ~ 0.0381，垂直位移的变化范围为 1.279 ~ 1.801m。

图 2-8（b）、（c）为基本顶岩层弹性模量与泊松比对垂直位移最大值的影响曲线。连续介质理论范畴内，材料强度越大，变形量越小。由图示可知：基本顶梁内垂直位移与泊松比大小成正比；基本顶梁内垂直位移与弹性模量大小成反比。泊松比变化范围为 0.2 ~ 0.4 时，垂直位移最大量变化区间小于 0.01m，由此可知泊松比对其影响较小。对比图 2-4（a）可知，采用多项式解析方法与半逆解法两种不同的计算方法，泊松比与垂直位移之间的关系存在差异，但是对比位移变化范围均小于 0.01m，因此，泊松比对垂直位移影响微小。

图 2-8（d）、（e）分别为基本顶岩梁分层厚度和跨度大小对垂直位移最大值的影响曲线。由图可知垂直位移大小与基本顶岩层分层厚度成反比例关系，且分层厚度对其影响范围较大，随分层厚度增大垂直位移变化斜率逐渐减小，2m < h < 4m 时，垂直位移斜率变化最大，分层厚度对其影响的灵敏度高；4m < h < 6m 时，垂直位移斜率变化变缓，变化范围小于 1m；h > 6m 时，分层厚度对垂直位移影响的灵敏度最低，厚度增加对垂直位移的变化影响甚微。垂直位移与跨距成正相关，跨距越大垂直位移越大，位移增长斜率随跨距增大而逐渐增大，跨距范围在 30 ~ 70m 之间变化时，垂直位移的变化范围约 5m。对比分层厚度与跨度大

小两因素对垂直位移影响的灵敏度可知，基本顶分层厚度对垂直位移影响较大。

2.3　间隔式采空区顶板垮落特征

　　2.2 节建立了间隔式采空区基本顶梁模型，通过理论计算研究了基本顶变形及承载特征。基于上述研究，本节结合物理实验模拟与三维离散元数值计算结果预测采空区顶板垮落特征，最后，对比现场监测结果，确定间隔式采空区内顶板垮落特征。

2.3.1　相似模拟实验研究

　　为确定相似模拟模型中各地层的相似材料参数及配比方案，以粉砂岩及细砂岩为例制作配比参数反演试件，如图 2-9 所示，通过实验确定各岩层配比方案，如表 2-3 所示。

图 2-9　材料配比试件

　　相似模拟材料以黄沙为填料，石灰和石膏作为胶结材料，用云母粉作为层理材料，实现不同岩性岩层之间的层理、节理、裂隙等弱结构。铺设模型所选用支架的尺寸为 250cm×200cm×30cm，模型的几何相似比选取为 1：100。

表 2-3　模型岩层配比方案

层序	岩性	配比
1	土	9：2：8
2	粉砂岩	7：3：7
3	细砂岩	8：3：7
4	泥岩	9：2：8
5	2^{-2}号 & 3^{-1}号煤	9：2：8

　　考虑地表起伏构造对采空区稳定性的影响，模型上表面铺设至地表，包含了冲沟和平缓两种地貌，冲沟倾角分别为 30°与 45°；下表面至 3^{-1} 号煤层底板，包

含了 2^{-2} 号及 3^{-1} 号煤层两层煤层。可采用本模型研究两层煤层开挖过程中岩层移动规律及采空区、煤柱稳定状态。由于该井田内地质构造简单，煤、岩层倾角较小，因此，模型铺设过程中忽略了倾角的影响，模型全貌如图 2-10 所示。为监测 2^{-2} 号煤层采动影响后 3^{-1} 号煤层及采动过程中岩层运移规律，模型表面重点监测区域分别采用不同颜色水粉材料进行上色区分，同时将模型表面划分成间排距为 10cm×10cm 的网格，使用方形黑边白底标记纸片与大头针插入并固定至栅格点处作为标记，此标记点为下文中天远三维摄影测量系统服务。实验操作中尽可能选用与模型颜色差较大的标记点，若背景颜色较暗，建议在模型表面涂刷石灰粉薄层做底色凸显标记点。

2.3.1.1　应力、位移测点布置

模型中数据监测包含两个部分：应力与位移。如图 2-10 所示，共布置三层 31 个压力盒，分别位于 2^{-2} 号煤层基本顶、间隔式煤柱上方、3^{-1} 号煤层基本顶中，压力盒布置用于监测重复采动作用下顶板及煤柱承载变化特征。

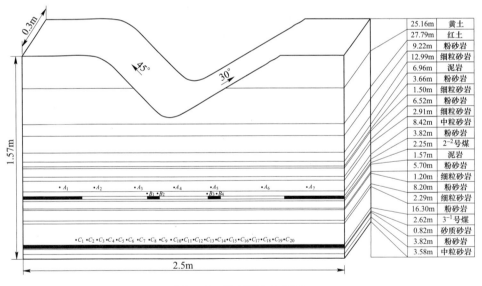

图 2-10　模型测点布置图

2.3.1.2　天远三维摄影测量系统

如图 2-11 所示，天远三维摄影测量系统由感光片、标尺、相机及图形处理软件组成。感光片的作用为确定模型外边界，每一个感光片代表一个编码点，若模型尺寸较大或拍照采集栅格点信息时，相邻两张图片至少需要一个公共编码点，以保证栅格点信息矩阵列表是连续的。感光片分别贴在模型架左、右、下钢

板上，相邻感光片间距为20cm，图2-11中共粘贴了12片感光片。标尺共两根，分别固定于模型架的下部水平方向和右侧垂直方向，用于标定模型两个方向上的尺寸。模型中岩层位移通过栅格点监测，监测方法为每步开挖后相机记录模型全貌及各部分细节，每次记录约20张照片确保所有栅格点数据被采集。所有被采集照片信息导入软件中进行栅格点位置坐标提取，后处理中可分析模型中岩层移动规律。

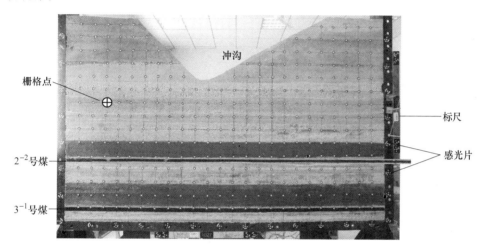

图 2-11　相似模拟模型

2.3.1.3　间隔式采空区顶板垮落状态

模型开挖后顶板运移规律为相似模型研究重点内容之一，实验结果可直观反应间隔式采空区内顶板稳定状态。模型中2^{-2}号煤层按比例进行间隔式开挖，为消除左右边界对顶板运移规律的影响，模型左右两侧留40cm，开挖50cm，留10cm煤柱。如图2-12所示，模型中2^{-2}号煤层自右向左依次开挖形成三个间隔式

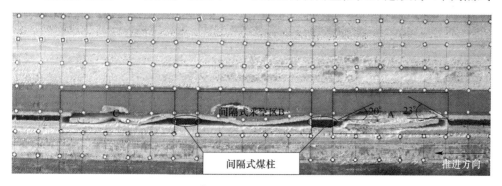

图 2-12　2^{-2}号煤层间隔式开采模型概况图

采空区，编号依次为 A、B、C，采空区之间遗留了两个间隔式煤柱。

　　分步开挖并监测位移数据变化，2^{-2} 号煤层直接顶垂直位移变化曲线如图 2-13 所示，三条曲线分别描述了三个对应间隔式采空区形成后（间隔式回采采动影响）直接顶与基本顶层间一行栅格点的位移垂直分量变化特征。由图 2-13 可知，间隔式采空区直接顶随工作面推进垮落，直接顶位移呈凹型，煤柱两侧基本顶弯曲状下沉，采空区中部垮落，垂直位移大小为 2.0m，即直接顶垮落形式为：两端弯曲，中部完全垮落，煤柱两侧顶板破断角约 20°。

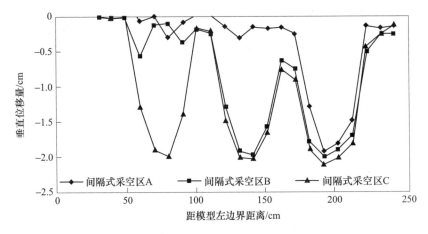

图 2-13　2^{-2} 号煤层直接顶垂直位移变化曲线

　　直接顶垮落后破碎岩块承载及稳定形式与基本顶稳定形式密切相关，因此，实验过程中监测了 2^{-2} 号煤层基本顶中一行栅格点垂直位移分量与推进距离之间的关系，2^{-2} 号煤层间隔式回采结束后基本顶垂直位移分量大小变化曲线如图 2-14 所示，分析垂直位移变化曲线可知，间隔式采空区基本顶弯曲下沉。

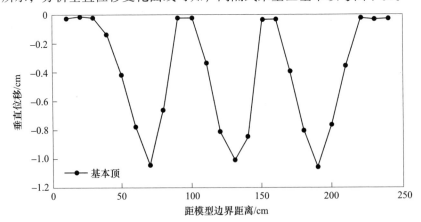

图 2-14　2^{-2} 号煤层基本顶垂直位移变化曲线

基本顶中裂隙发育如图 2-15 所示。由基本顶位移变化曲线可知，基本顶变形特征为弯曲下沉，而裂隙分布图显示裂隙在煤柱两侧及基本顶中部存在数条贯通裂隙。裂隙形成的原因为：间隔式回采伴随直接顶垮落，垮落后的直接顶破碎岩石无法充满采空区，基本顶呈悬空状态，基本顶在上覆岩层作用下呈弯曲下沉状，基本顶中拉应力大于岩石抗拉强度时会产生拉破坏；挤压变形区域伴随岩层剪破坏的产生，最终形成基本顶中贯通的数条裂隙，裂隙发育程度越高，顶板弯曲下沉量越大。

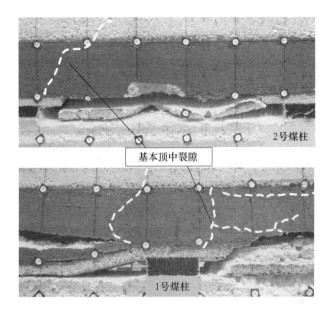

图 2-15　间隔式采空区基本顶中裂隙发育分布特征

2.3.2　数值反演方法研究

根据 30107 工作面范围内井上下对照图、柱状图、实验室测试岩石力学参数结果（表 2-4），建立了如图 2-16 所示的三维离散元数值计算模型。模型地表为真实地表等高线处理为狄罗妮三角网后生成的地表地形。模型尺寸标注如图 2-16 所示，工作面推进方向长度为 1000m，工作面走向方向长度 349m（工作面长度 300m，顺槽宽度 4.5m，边界煤柱宽 20m）。位移边界条件：除模型上表面外，其余各面外法线方向位移固定为 0，由于模型高度方向建立至地表，因此上表面曲面为自由边界条件；应力边界：同样因为 30107 工作面上覆至地表所有岩层均在数值模型中得以描述，因此，上表面垂直方向应力大小为 0，水平应力系数大小取 1.25。

表 2-4　煤岩力学参数表

岩性	容重 /kg·m⁻³	泊松比	弹性模量 /GPa	体积模量 /GPa	剪切模量 /GPa	抗压强度 /MPa	抗拉强度 /MPa	内聚力 /MPa	内摩擦角 /(°)
2⁻²号煤层	1321	0.29	2.6	2.06	1.01	20.43	1.45	2.98	44
3⁻¹号煤层	1299	0.31	2.8	2.46	1.07	22.50	1.24	2.97	37
粉砂岩	2530	0.31	4.9	4.30	1.87	47.22	3.73	5.37	36
粗砂岩	2410	0.35	3.5	3.89	1.30	29.70	2.30	2.5	32
中砂岩	2360	0.32	3.9	3.61	1.48	35.20	2.50	2.8	35
细砂岩	2640	0.24	8.09	5.19	3.26	37.80	2.83	2.91	43
泥岩	2400	0.36	3.0	3.57	1.10	25.20	1.90	2.2	30
黄土	1800	0.44	0.07	0.19	0.02	0.18	0.10	0.15	10

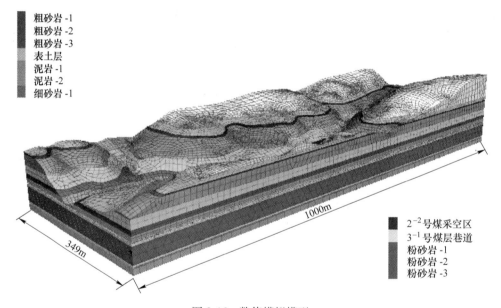

图 2-16　数值模拟模型

　　根据 2⁻²号煤层开采资料图纸建立残留煤柱及采空区模型如图 2-16 所示。30107 工作面全貌模型中包含数组间隔式煤柱，由于三维离散元计算过程中对计算机硬件要求高，综合考虑计算精度与工作效率，最终选择将整个工作面分两个部分进行研究，图 2-16 为工作面推进长度的前 1000m 段，包含多个间隔式采空区及煤柱（区段煤柱、间隔式煤柱）。分别选择摩尔-库仑本构模型及库仑滑移模型表征块体与节理的变形特征，其中 2⁻²号煤层采空区为遗留多年的废弃采空区，无再次采动影响时采空区状态已经稳定，因此，数值计算中选用一次开挖的方式形成间隔式采空区。计算平衡后反演得出采空区上覆稳定状态、位移量、应力分布特征等结果。

为研究间隔式采空区顶板稳定状态，如图 2-17 所示，在模型中截取Ⅰ—Ⅰ与Ⅱ—Ⅱ两个断面用于定性、定量分析。图 2-18（a）、（b）为开切眼方向断面覆岩块体稳定状态，图 2-18（c）、（d）为顺槽方向断面内各层垂直位移云图。

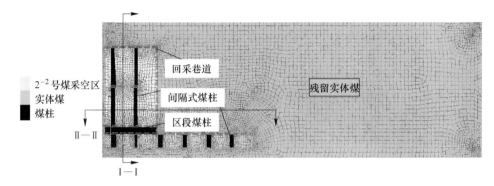

图 2-17　2^{-2} 号煤层间隔式煤柱与采空区分布模型

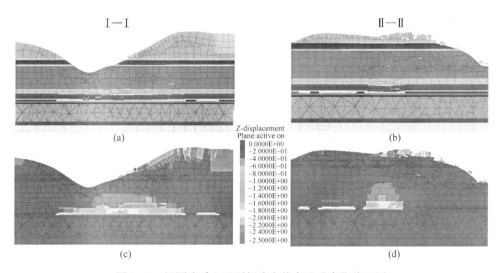

图 2-18　间隔式采空区顶板稳定状态及垂直位移云图

由图 2-18 可知，间隔式采空区顶板稳定概况为：直接顶垮落，基本顶弯曲下沉且局部地区裂隙发育程度高。由开切眼布置方向Ⅰ—Ⅰ断面可知：工作面直接顶完全垮落，基本顶弯曲下沉，其中工作面中部基本顶下沉后接触垮落的直接顶碎岩，垮落带高度为直接顶高度即 1.5m，裂隙带高度约 7.5m，弯曲下沉带高度约 8m。同时，根据直接顶岩层垮落形成的碎岩与弯曲下沉的基本顶之间相互作用关系，可反演采空区压实程度。工作面两端煤柱侧基本顶悬空且存在发育的裂隙。根据顺槽方向Ⅱ—Ⅱ断面内块体稳定状态及垂直位移云图可知：间隔式采空区回采跨度（50m）内直接顶垮落，基本顶弯曲下沉，同Ⅰ—Ⅰ断面相似，煤柱两侧基本顶弯曲下沉，中部范围内弯曲下沉量较大，与直接顶碎石接触。"三带"范围与Ⅰ—Ⅰ断面近似一致。不同埋深和地表特征下顶板稳定状态不同，由图2-18中Ⅱ—Ⅱ断面可知，平缓地貌下间隔式采空区基本顶下沉量及裂隙发育程度均小于冲沟地貌下。

图2-16所示数值模型中，冲沟横贯整个30107工作面。回采过程中机头与机尾均位于冲沟坡体下方，工作面中部约位于冲沟底角位置，由上述间隔式采空区顶板稳定特征可知，冲沟土体存在滑坡及地表沉降及裂隙现象，由图2-18中位移云图可知，冲沟横截面内由于基本顶中部弯曲下沉量大，致使部分坡体滑坡；煤柱两端弯曲下沉量小，对应地表下沉量小，由于弯曲梁产生的拉应力，使得地表产生裂隙，不同位置沉降量大小有差异，因此裂隙两侧存在大小不同的高差，图2-19中间隔式工作面对应地表沉降云图可直观地显示平缓、冲沟地表受采动影响作用后的稳定状态：坡体部分滑坡，顶部平缓区域沉降变形范围为 $0.4 \sim 1m$。

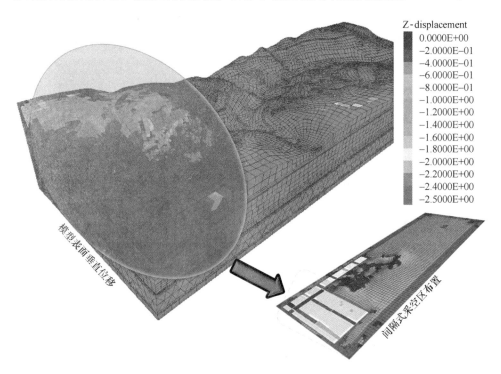

图2-19　间隔式采空区地表沉降特征

2.3.3　现场实测

采用相似模拟与数值计算的方法已实现了对间隔式采空区顶板稳定性及沉降

量的预测，本节采用现场实测的方法进一步验证、确定采空区内顶板稳定及地表沉降特征。由于间隔式采空区为遗留废弃采空区，无法深入到内部测量，因此采用现场实测地表裂隙、滑坡、采空区未撤离工作面顶板稳定概况的多维度特征变量，最终确定间隔式采空区直接顶、基本顶稳定状态。

30107 工作面上方 2⁻²号煤层 20113（1）、20111 两个间隔式回采采空区，其中，20113（1）工作面全区域、20111 工作面部分区域内间隔煤柱位于 30107 工作面内。20113（1）回采工作面采至停采线附近时工作面支护构件未撤离，因此可通过顺槽进入未撤离工作面观测其后方顶板垮落情况、煤壁稳定概况。

如图 2-20 所示，20113（1）工作面为井田范围内最后一个采用间隔式回采方法的工作面，此工作面顶板、煤壁、废弃巷道围岩稳定现状对采空区上覆岩层垮落及弯曲下沉概况判断具有重要的参照作用。图 2-20（a）为未撤离工作面概况，后排单体向后倾斜，前排单体整体稳定，铰接梁自煤壁段向采空区侧倾斜，煤壁稳定，片帮区域少且片帮深度小；图 2-20（b）为工作面最后一排单体后方顶板碎石冒落实景，伪顶、直接顶已冒落，图中两个大块岩石为直接顶粉砂岩块，对比图 2-20（d）中单体倾斜特征可知，后排单体的倾斜原因为其上覆岩层弯曲下沉，在铰接梁的作用下单体活柱行程约为 0.3m，同时单体向工作面后方有一定角度的倾斜；图 2-20（c）为 20113（1）运输顺槽侧采空区垮落概况，顺

图 2-20 间隔式采空区未回撤工作面实况

槽断面内采空区侧直接顶已垮落且锚杆已损坏，但未完全脱落，观察基本顶处于完整状态；煤壁侧锚杆及托盘仍保持完整，直接顶与基本顶均保持完整。

20113（1）间隔式工作面上覆地貌地表裂隙与冲沟滑坡现场照片如图 2-21所示。图 2-21（a）为南梁煤矿井上下对照图及 30107 工作面地表区域位置确定。图 2-21（b）为冲沟坡体倾向方向两条断裂裂隙，此裂隙为近似于平行于间隔式工作面推进方向的断裂裂隙，沿开切眼方向基本顶内裂隙发育程度高，冲沟坡体垂直下沉。图 2-21（c）为平行于间隔式煤柱方向的地表裂隙，裂隙分布散乱且无上下错动，间隔式工作面最大跨度为 50m。由浅埋煤层单一关键结构稳定理论可知，若基本顶沿推进方向发生了初次或周期破断，则地表沿工作面推进方向会显现大量上下错落且分布有规律的裂隙。由图 2-21（c）中裂隙分布可知基本顶未破断，弯曲下沉量大的区域地表产生多条不规则的裂隙。图 2-21（d）为冲沟坡体滑坡实景，滑坡主要发生在冲沟坡体底角处。

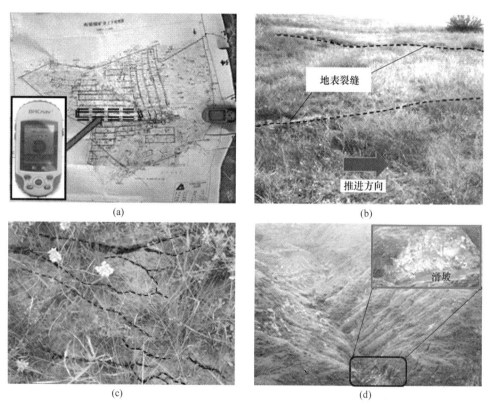

图 2-21　间隔式采空区地表实测

　　针对间隔式采空区顶板稳定状态的研究，采用了相似模拟、数值反演预测了间隔式采空区上覆岩层运移规律与特征，结合现场实测未撤离间隔式工作面后方与运输顺槽端侧顶板垮落实况，对照地表裂隙分布特征及黄土坡体滑坡概况，最终确定间隔式采空区上方顶板稳定特征为：伪顶、直接顶垮落，基本顶弯曲下沉且中部裂隙发育程度较高。

2.4 本章小结

本章基于间隔式采煤工艺及遗留采空区与煤柱分布特征，着重研究了南梁煤矿不同地貌下间隔式采空区顶板稳定及承载特征，采用理论分析、相似模拟、数值计算及现场实测的综合研究手段，得出以下主要结论。

（1）通过间隔式采空区基本顶分层两端固支梁理论分析可知，基本顶垂直位移大小与泊松比、弹性模量成反比，岩石强度越大，下沉量越小。其中，泊松比变化较弹性模量对垂直位移的影响较小；基本顶分层厚度对垂直位移影响较大。

（2）利用了相似模拟、数值反演的研究方法预测了间隔式采空区上覆岩层运移规律与破断特征，结合20113（1）间隔式工作面后方与运输顺槽侧顶板垮落实况的实测，对照地表裂隙分布规律及部分坡体滑坡概况，将间隔式采空区上覆岩层破断特征描述为：伪顶、直接顶垮落；基本顶弯曲下沉且中部裂隙发育程度较高。

3　间隔式采空区内破碎岩体承载特征

数字资源 3

采空区内顶板垮落规律为采空区内破碎岩体碎胀系数、承载特征及底板中应力分布规律研究提供了基础，其中，掌握破碎岩体的压实特性是获取采空区内及采空区下应力分布规律的前提，由于破碎岩体所处环境的隐蔽性与危险性，常采用实验室测试、理论计算和数值计算的研究方法。在此，结合理论计算，提出一种三维破碎岩体模型构建方法，即在 3D Voronoi 建立完整岩体数值模型的基础上，通过预定孔隙率，随机删除完整岩体中的块体反演破碎岩体结构，测定破碎岩体的压实特性。该方法可较真实反映破碎岩体的块度特征、碎胀特性与压实特性，可与现有研究方法具有较高的吻合度，为矿山地下工程的安全控制提供了新的有效研究方法。

由于岩石为典型的各向异性材料，影响破碎岩石压实特性的因素众多，实验不仅可以得到不同岩性破碎岩体的变形特征，还能修正理论公式。实验室测试条件与原位测试应力环境存在显著差异，研究破碎岩体压实特性具有一定局限性，但数值反演方法具有成本低、可重复性强等特征，是研究破碎岩体力学特性的一种热门研究方法。现有数值计算方法在真实地反映破碎岩体块度、孔隙、岩性分布等方面存在一定困难，影响其准确度，本书提出了一种新的三维破碎岩体离散元数值模型构建、赋参及压实特性研究方法[184]。

破碎岩体压实特性研究流程如图 3-1 所示。

3.1　采空区破碎岩块表征方法

3DEC 内置建模单元共两种：图 3-2（a）中长方体与图 3-2（b）中四面体。图 3-2（c）、（d）分别为长方体与四面体单元组成模型解理发育路径平面图，以中心点 o 位置处解理发育为例，图 3-2（a）解理发育路径类型分为图 3-2（c）中直线型（oa）、台阶型（ob）两类，图 3-2（b）中共 6 条折线形（oa~of）解理发育路径。

3DEC 中现有的四面体及六面体块体类型无法准确描述岩石结构及岩石破坏后的损伤特征，采用参数化 3D Voronoi 块体作为基本单元可形象地描述岩石块体结构。Neper 程序中 3D Voronoi 单元生成算法如下[185,186]：定义边界的三维空间，3D Voronoi 单元体完全充填空间 D，块体间无重叠与裂缝，空间 D 内点集 E =

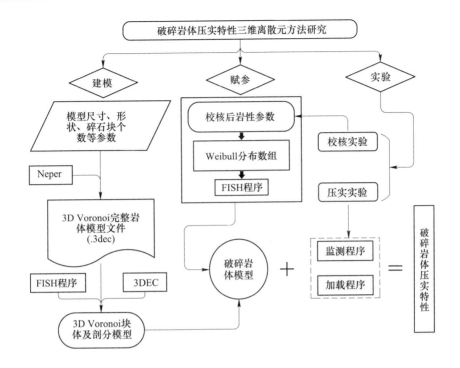

图 3-1　破碎岩体离散元计算方法流程图

$\{G_i(\underline{X}_i)\}$ 分别作为多面体单元的中心点，定义范数 $d(\cdot, \cdot)$，每个空间点作为中心点的多面体描述为：

$$C_i = \{P(\underline{X}) \in D \mid d(P, G_i) < d(P, G_j) \; \forall j \neq i\} \tag{3-1}$$

式中，d 为欧式距离；点集 E 在空间 D 内随机分布。

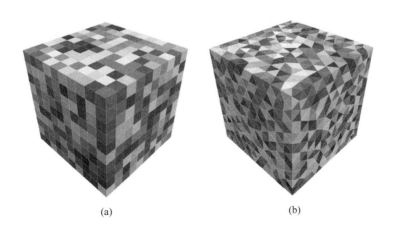

(a)　　　　　　　　　　　　　　(b)

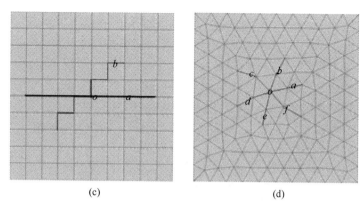

(c)　　　　　　　　　　　　(d)

图 3-2　3DEC 中块体划分及解理扩展路径
（a）六面体；（b）四面体；（c）六面体间解理扩展路径；（d）四面体间解理扩展路径

图 3-3 为 Voronoi 块体组成的数值模型及中心点 o 位置解理发育路径示例，对比图 3-2 与图 3-3 中模型中解理折线路径 ob 可知：Voronoi 模型解理发育在每个节点位置处扩展方向选择更多，与岩石解理形状相似度更高。因此，选择 3D Voronoi 块体建立数值模拟模型。

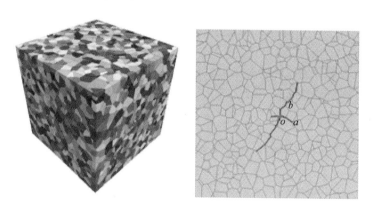

图 3-3　3D Voronoi 等效块体模型及解理扩展路径

由 100 个 3D Voronoi 单元组成的边长为 1m 立方体的岩石模型如图 3-4（a）所示，模型中 3D Voronoi 块体均为凸多面体，两个相邻块体之间共用一个面，三个相邻块体之间共用一条线，四个及以上块体之间共用一个顶点，生成多面体组成的给定空间过程类似于物理学中再结晶作用，晶粒聚集成核的同时所有晶质单元以各向同样的速度增长。Neper 支持用户可自定义块体个数，排列方式，边长分布模型等属性，输出的数据文件导入 3DEC 中建立初始建模。

为了更细致地描述岩石结构-本节提供两种 3D Voronoi 块体剖分方法：

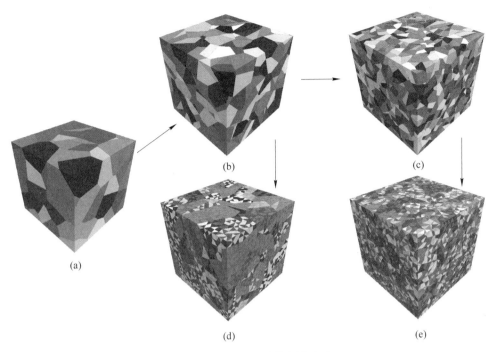

图 3-4　3D Voronoi 块体剖分方法

（a）100 个多面体；（b）500 个多面体；（c）3000 个多面体；

（d）100313 个四面体；（e）130266 个四面体

（1）剖分每个 3D Voronoi 成 n 个体积更小的 3D Voronoi 块体，对应于图 3-2 中（a）→（b）→（c）流程；（2）剖分 3D Voronoi 成为边长相等的四面体，如图 3-2 中（a）→（b）→（c）→（e）流程。

3.1.1　破碎岩体空隙描述方法

破碎岩体中岩块形状不规则，且空隙分布随机。由 3000 个 3D Voronoi 组成的边长为 1m 的立方体无空隙的碎石模型如图 3-5 所示。利用块体删除的方法描述破碎岩体中的空隙，执行 FISH 程序，被删除块体分布且满足预设空隙率的要求。

破碎岩块空隙率 n 表示为：

$$n = \frac{V - V_{\mathrm{R}}}{V} \tag{3-2}$$

式中，V 为岩石总体积；V_{R} 为破碎岩块体积总和。

破碎岩体碎胀系数 BF 表示为：

$$BF = \frac{V}{V_{\mathrm{R}}} \tag{3-3}$$

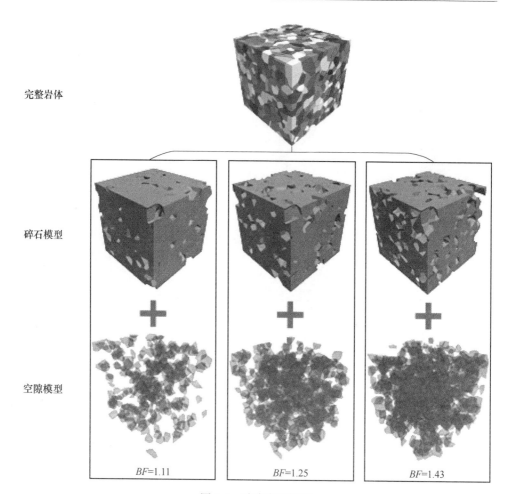

完整岩体

碎石模型

空隙模型

BF=1.11　　　　　BF=1.25　　　　　BF=1.43

图 3-5　破碎岩石模型

结合式（3-2）与式（3-3），碎胀系数和空隙率之间关系表示为：

$$BF = \frac{1}{1-n}\qquad(3-4)$$

通过式（3-4）计算不同空隙率破碎岩体的碎胀系数。如图 3-3 所示，建立了孔隙率分别为 10%、20% 与 30% 的碎胀岩石模型，碎胀系数分别为 1.11、1.25 与 1.43。

图 3-5 所示模型中破碎岩块形象地描述了破碎岩块及空隙分布，但是，模型中块体受力作用只能发生变形，不可再次破裂。实际上，碎岩块承载过程中存在继续破碎的可能，因此，需细化碎石模型，细化后的模型可以更贴切地合描述破碎岩块结构特征。如图 3-6 所示，以碎胀系数为 1.43 为例，将 2301 个 3D Voronoi 岩块剖分成为 85870 个边长 80mm 的四面体。

图 3-6 破碎岩体细化模型

3.1.2 模型参数分布模型与赋参方法

岩石是一种典型的非均质性材料，破碎岩体由于内部存在着随机分布的空隙，破碎岩体材料属性是随机变化的，岩块所处应力环境不同，其力学参数分布更复杂。研究表明 Weibull 分布在岩石尺寸效应、强度理论的研究中起到重要作用[187~191]。本书引入 Weibull 分布函数描述岩块及节理力学参数。

岩石力学参数统计分布可描述为：

$$\varphi(a) = \frac{m}{a_0} \left(\frac{a}{a_0} \right)^{m-1} e^{-\left(\frac{a}{a_0} \right)^m} \tag{3-5}$$

式中，a 为岩石（岩块、节理）力学参数；a_0 为岩石力学参数的平均值；m 为 Weibull 分布函数的形状参数。

式（3-5）反映了岩石及节理的非均质性分布情况，如图 3-7 所示，m 越大，

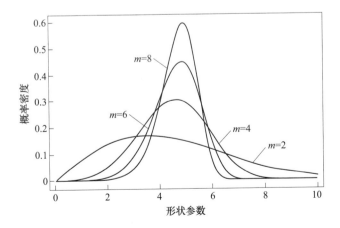

图 3-7 岩石力学性质分布形式

岩石均质程度越高，力学参数聚集分布在平均值 a_0 附近狭窄的范围内，破碎岩块与节理力学参数的平均值源于参数校核实验。

以岩块弹性模量为例，式（3-5）中 a 为岩石的弹性模量，均质度 $m=7$，弹性模量平均值 $a_0=540\text{MPa}$，由 matlab 生成 500 组大小在 0~1 之间且符合 Weibull 分布函数的系数 k，弹性模量频数统计及分布特征如图3-8所示。

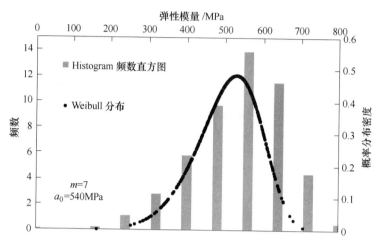

图3-8　弹性模量频数统计及分布特征

采用 3DEC 软件内置赋参功能描述破碎岩体材料时准确度低，需自行编写程序。3DEC 软件中对可变形块体赋参数时参数组别限制在 50 组以内，而且只针对各向同性对的线弹性体、弹塑性体、等向弹性体，才能通过 FISH 程序随机地将 50 组参数赋予模型中。若不结合自定义程序，3DEC 只能将一组固定参数赋值到某一固定范围内。破碎岩块本构模型选用双屈服模型，3DEC 内置赋参方法无法高准确度地描述碎石参数模型，为此，编制了 FISH 程序将多组符合 Weibull 分布的岩性参数赋值到模型中。首先，生成一组符合 Weibull 分布的系数数组；其次，将上述校核后的岩石及节理参数作为破碎岩体的力学参数组的平均值；最后，随机从系数数组取任意位置元素 k 作为 Weibull 分布系数，系数 k 与参数各分量平均值相乘得到多组符合 Weibull 分布的岩石力学参数。赋值程序流程如图3-9所示。此赋值程序解决了两个 3DEC 软件关于赋值的 2 个缺陷：（1）突破了模型中材料组数的最大限制；（2）解决了 3DEC 无法给块体或节理随机赋值的问题。解决上述两个问题后数值模型描述非均质各向异性材料的相似度大大提升。

利用 FISH 程序将 500 组岩块及节理力学参数随机地赋值到模型中，岩石及节理参数在模型中分布规律如图3-10所示。

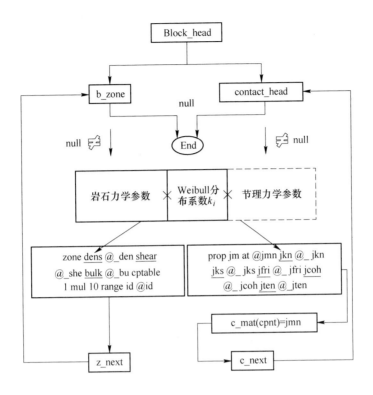

图 3-9 破碎岩石模型赋参流程图

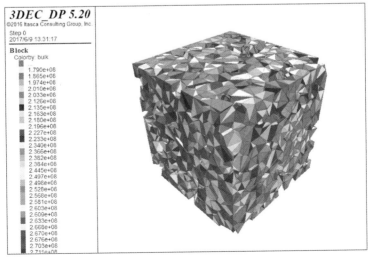

(a)

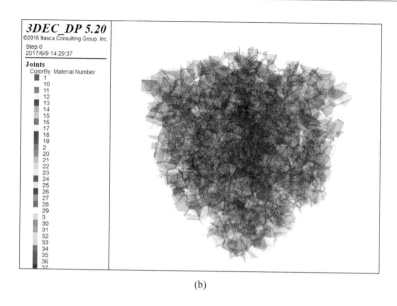

(b)

图 3-10　破碎岩石材料属性分布特征

（a）体积模量；（b）节理参数编号

3.2　完整岩石岩性校核实验

建立直径 50mm、高 100mm 的圆柱体粉砂岩单轴压缩模型，模型由 5000 个一级 3D Voronoi 块体组成。将模型中块体设置为弹性，节理选用库仑滑移模型，开启小变形模式，在模型两端添加刚体加载板，采用双向速度加载的方式进行实验，编制 FISH 程序监测模型应力-应变曲线。

单轴压缩与巴西劈裂实验岩石力学参数监测方法如图 3-11 所示。如图 3-11（a）所示，单轴压缩应变监测点共三层 15 个（白色球），最上、下层距离模型端部均为 10mm，第二层位于试件中部，上、下层测点用于监测轴向应变，横向分布的测点用于监测 x、y 方向应变及泊松比；模型中部 20mm×20mm×40mm 红色区域用于监测轴向应力。巴西劈裂实验中监测区域尺寸及监测点位置标注如图 3-11（b）所示，深灰色区域用于监测试件承受载荷大小 P，结合式（3-6）计算岩石抗拉强度，白色监测点用于监测径向应变。所有变量监测均由 FISH 语言实现。

$$\sigma_t = \frac{2 \times P_{\max}}{\pi DL} \tag{3-6}$$

式中，D 为试件直径，mm；L 为厚度，mm；$P_{\max}$ 为最大径向载荷，N。

对比图 3-12（a）单轴压缩数值模拟与实验结果可知变形特征、破坏形式及裂隙扩展方式基本一致。校核后的岩石及节理力学参数见表 3-1。

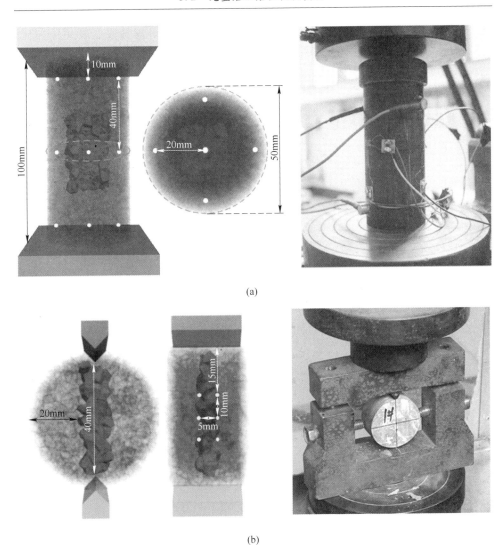

(a)

(b)

图 3-11 监测方法

（a）单轴压缩实验；（b）巴西劈裂实验

表 3-1 校核后粉砂岩力学参数

岩块		节 理				
弹性模量/MPa	泊松比	法向刚度/MPa	内聚力/MPa	内摩擦角/(°)	c/t	JKN/JKS
540	0.31	750	4.83	14	6	6

　　为进一步验证单轴压缩模拟结果的可靠性，建立了直径 50mm、高 25m 的圆柱体巴西劈裂模型，模型由 5000 个 3D Voronoi 块体细化成约 40000 个四面体组

成，本构模型及加载方式与单轴压缩实验一致，岩石及节理参数见表 3-1。如图 3-12（b）所示，对比实验与模拟结果验证了单轴压缩实验反演所得结果可靠。

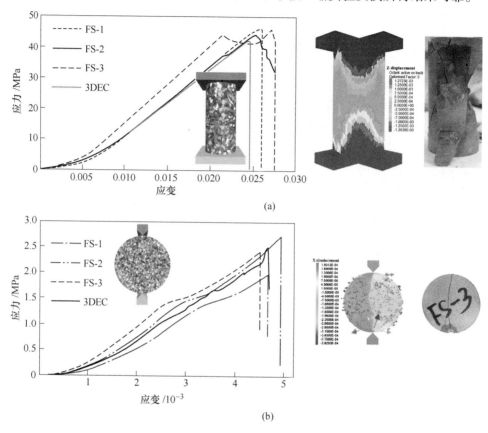

图 3-12　数值模拟与实验结果对比

　　粉砂岩数值模拟实验中节理破坏分布变化及破坏特征与实验室结果对比如图 3-13 所示，由于加载构件与巴西劈裂模型之间为线接触，巴西劈裂实验中节理破坏的主要形式为拉破坏，节理拉破坏由两端向中心逐渐扩展，且两端拉破坏数量较多，当节理拉破坏贯通整个试件后试件失去抗拉强度，如图 3-13（b）所示，数值模拟模型与实验室试件破裂面位置基本一致。

　　由于离散元程序中计算结果与块体块度、节理数量等模型尺寸参数相关，为验证并提高上述标定实验的精度，建立了尺寸、块度等与破碎岩体模型尺寸参数一致的数值模型，如图 3-14 所示。

　　将表 3-1 中岩石及节理数据赋予图 3-14 所示的模型，采用同样的加载及上下板固定方式（上下板相向加载，加载速率为 1.5m/s），监测大模型应力-应变曲线，如图 3-15 所示。标定结果与小试件相似。

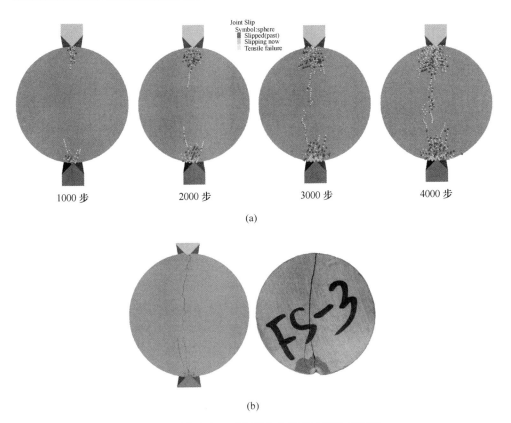

图 3-13 粉砂岩巴西劈裂实验节理破坏分布特征
（a）节理破坏分布变化；（b）实验与 3DEC 模拟结果对比

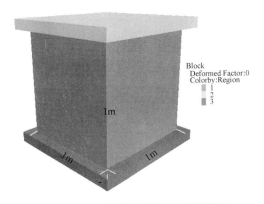

图 3-14 破碎岩体参数标定数值模型

岩石力学校核参数的步骤及流程总结如下：

（1）设置模型中块体为弹性模型，弹性模量、泊松比数值源自实验室实验

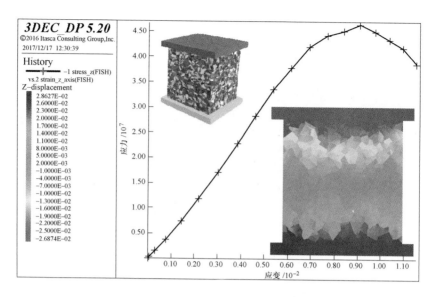

图 3-15　大尺寸岩石试件力学参数标定应力-应变曲线

结果，南梁煤矿煤岩实验室实验测试参数如表 2-4 所示；

　　（2）岩体中节理的本构模型设置为库仑滑移模型，参数预设为较大值，调整弹性模量；

　　（3）调整节理法向及剪切刚度，校核泊松比大小；

　　（4）设置并调整节理黏聚力、抗拉强度、内摩擦角，标定峰值强度。

　　影响校核实验结果的因素众多，因此，上述计算程序中，部分步骤可重复执行，从而获取更高精度的标定参数结果。

3.3　采空区内破碎岩体承载特性实验

　　破碎岩石应用于充填作业中，其主要作用表现为承载并支承顶板稳定，因此，破碎岩石压实及承载特征研究属于破碎岩石应用工程中的基础研究。本节主要研究不同碎胀系数破碎岩体的单轴压实特征。

　　破碎岩体模型单轴压缩加载方式，应力、应变监测方法如图 3-16 所示。采用速度加载方式，在破碎岩石模型上、下表面布置 4 组（8 个）应变监测点，监测点与模型边界垂直距离为 0.1m。模型中心边长为 0.5m，立方体区域为应力监测区，应力大小为监测区域的平均值。

　　破碎岩体压实特性曲线如图 3-17（a）所示，根据曲线斜率变化规律将破碎岩体单向受压应力-应变曲线划分为 $a \sim e$ 五个阶段。a 阶段为速度加载载荷传递阶段；b 阶段为孔隙压密阶段；c 与 d 均为弹性变形阶段，但两阶段弹性模量大小不同；e 阶段为破碎岩体胀裂阶段。

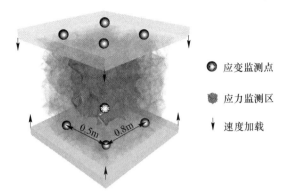

图 3-16　应力应变曲线监测方法

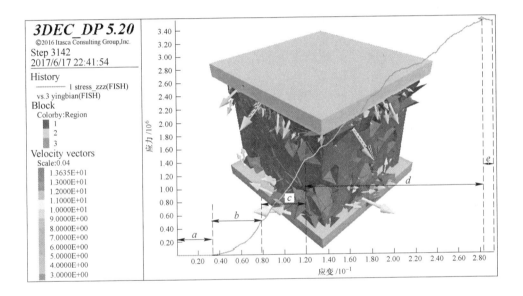

(a)

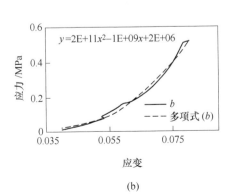

(b)

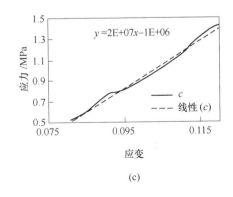

(c)

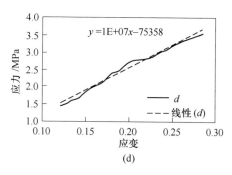

图 3-17　应力-应变曲线 （BF = 1.43）

　　破碎岩体单轴压缩应力-应变曲线中，b、c、d 阶段分别绘制如图 3-17 （b）、（c）、（d） 所示曲线。图 3-17 （b） 为孔隙压密阶段变形曲线，随应变增加弹性模量（曲线切线斜率）逐渐增加，曲线呈上凹型，此阶段模型横向变形小，模型体积随载荷增大而减小，岩块无破裂，采用二次多项式拟合，拟合曲线与应力-应变曲线吻合度高。图 3-17 （c）、（d） 为弹性变形阶段，该阶段的应力-应变曲线为近似直线型，由于 c 阶段随载荷增大，破碎岩块再次破裂，破碎后岩块块度较小，模型中块体完整度降低。c 阶段（弹性模量）大于 d 阶段，c 阶段应力-应变曲线线性拟合线斜率大于 d 阶段。实验研究表明，破碎岩体完整程度与其弹性模量之间呈正线性相关，模拟与实验结论一致。

　　为研究不同碎胀系数破碎岩石单轴抗压变性特征，选取三组不同碎胀系数（BF）破碎岩石模型进行试验，实验结果中 b、c、d 阶段应力-应变曲线拟合公式如表 3-2 所示。对比 3 组拟合曲线公式可知：不同碎胀系数模型孔隙压密阶段应力-应变曲线的二次多项式拟合公式一致，此阶段内变形量随碎胀系数增大而增加，应力峰值随碎胀系数增大而减小，弹性模量变化规律与碎胀系数无关。弹性变形阶段 c 与 d 内，模型弹性模量、压力峰值均随碎胀系数增加而减小。

表 3-2　单轴压缩曲线分阶段拟合公式

碎胀系数	阶　段　编　号		
	b （孔隙压密阶段）	c （弹性阶段 I）	d （弹性阶段 II）
BF = 1.11	$y = 2E{+}11x^2 - 1E{+}09x{+}2E{+}06$	$y = 1E{+}08x - 8E{+}06$	$y = 6E{+}07x{+}2E{+}06$
BF = 1.25	$y = 2E{+}11x^2 - 1E{+}09x{+}2E{+}06$	$y = 6E{+}07x - 3E{+}06$	$y = 3E{+}07x{+}349500$
BF = 1.43	$y = 2E{+}11x^2 - 1E{+}09x{+}2E{+}06$	$y = 2E{+}07x - 1E6$	$y = 1E{+}07x{+}75358$

　　矿山岩石种类具有多样性，对应其岩性也各有差异，影响岩石碎胀系数的因素很多，本书统计了国内外多部关于不同岩石类型碎胀系数研究的文献，如表 3-3 所示。

表3-3　不同岩石类型碎胀系数统计表[192~195]

序号	岩性	碎胀系数 K_ρ	序号	岩性	碎胀系数 K_ρ
1	砂岩	1.06~1.15	26	泥岩	1.4
2	黏土	<1.2	27	煤	1.4
3	碎煤	<1.3	28	风化岩	1.3
4	黏土页岩	1.4	29	软岩	1.40~1.50
5	沙质页岩	1.6~1.8	30	弱风化岩	1.6
6	硬砂岩	1.5~1.8	31	坚硬岩石	1.7
7	砂质黏土	1.20~1.25	32	极坚硬岩石	2
8	砂、砾石	1.05~1.20	33	硬煤	1.7
9	玄武岩	1.75~1.80	34	砾岩	1.33
10	白云岩 2.8(E+03)kg/m³	1.50~1.60	35	砂岩	1.61
11	片麻岩 2.69(E+03)kg/m³	1.75~1.80	36	页岩	1.5
12	花岗岩(2.6~2.8)(E+03)kg/m³	1.75~1.80	37	板岩	1.77
13	砾石(干)1.80(E+03)kg/m³	1.20~1.30	38	黏土（湿）	1.4
14	砾石（湿）2.00(E+03)kg/m³	1.20~1.30	39	黏土和砂砾岩	1.4
15	砾石,湿黏土	1.50~1.60	40	煤、无烟煤	1.35
16	石灰岩(2.7~2.8)(E+03)kg/m³	1.75~1.80	41	煤、沥青	1.35
17	亚黏土	1.15~1.25	42	砾岩	1.4
18	石英岩 2.65(E+03)kg/m³	1.75~1.80	43	石膏	1.74
19	沙（干）1.60(E+03)kg/m³	1.20~1.30	44	砂砾	1.5
20	沙（湿）1.95(E+03)kg/m³	1.20~1.30	45	石灰石	1.67
21	砂岩(2.1~2.4)(E+03)kg/m³	1.75~1.80	46	沙	12
22	板岩(2.6~3.3)(E+03)kg/m³	1.85~1.90	47	砂岩	1.54
23	规整层状泥岩	1.10~1.20	48	页岩、软岩	1.65
24	砂岩	≥1.50	49	板岩	1.65
25	沙质泥岩	1.7			

　　Yavuz(2004)针对中国不同井田内不同岩性及地质特征，通过大量实测数据分析提出了描述垮落带内破碎岩体碎胀系数经验准则，其中关于水平、近水平煤层长壁工作面上方垮落带内破碎岩体碎胀率，可描述为：

$$BF' = c_1 h + c_2 \tag{3-7}$$

式中，h 为采高，m；c_1，c_2 分别为与岩石强度有关的系数。

　　表3-4列举了国内煤矿不同强度岩性顶板有关的系数、不同采高采空区碎石碎胀系数，此处碎胀系数与式（3-4）转换关系为：

$$BF' = (BF - 1) \times 100 \tag{3-8}$$

表 3-4　国内煤矿不同顶板岩性碎胀系数统计表[104]

岩性	强度/MPa	系数		预测的碎胀系数		
		c_1	c_2	$h = 2.5\text{m}$	$h = 4.0\text{m}$	$h = 5.5\text{m}$
坚硬岩石	> 40	2.1	16	21.3	24.4	27.6
中硬岩石	20~40	4.7	19	30.8	37.8	44.9
软弱岩石	< 40	6.2	32	47.5	56.8	66.1

对比表 3-3 和表 3-4 可知, 长壁采空区内顶板岩层垮落后岩石碎胀系数小于实验室内关于不同岩性岩石碎胀系数测试结果。由于沉积岩层理发育完整, 顶板垮落过程中破碎块体回转角度小, 叠加相对规律, 因此, 采空区内岩石碎胀系数略小于实验室测试结果。

图 3-18 为破碎岩石承载特征曲线, 统计了不同块度、岩性岩石碎胀系数与承载特征之间的函数关系[196], 曲线呈指数函数图形形式, 多采用多项式形式描述。

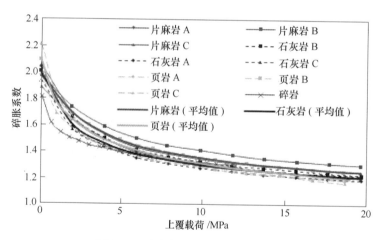

图 3-18　破碎岩石承载特征实验曲线

由实验室测试破碎岩块承载特征及碎胀系数变化曲线可知, 碎胀系数在承载初期下降较快, 然后逐渐过渡平缓至稳定, 残余碎胀系数约为 1.25。

浅埋煤层采空区内垮落岩体碎胀特性可描述为[129]:

$$BF = -0.1\ln\sigma + 1.28 \tag{3-9}$$

式中, σ 为碎石轴向载荷大小, MPa。

图 3-19 所示浅埋采空区内破碎岩体碎胀系数与承载变化曲线, 曲线拟合公式如式 (3-9) 所示, 载荷在 1.5MPa 范围内时残余碎胀系数为 1.28。

表 3-5 所列为南梁煤矿 30107 工作面内 N10 钻孔柱状图, 结合 20113 (1) 工

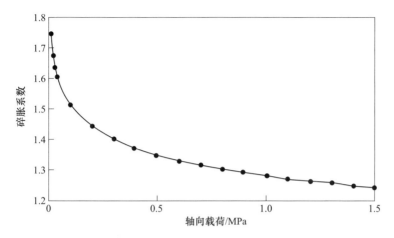

图 3-19　浅埋采空区碎石承载与碎胀系数关系曲线

作面内煤电钻勘测结果可知，间隔式工作面伪顶厚度 0.2～0.4m，平均厚度 0.3m；直接顶厚度 1.6～3.0m，平均厚度 2.4m；2^{-2} 煤层平均厚度为 2.2m。

表 3-5　南梁煤矿 30107 工作面内 N10 钻孔柱状图

柱状图	累深/m	层厚/m	岩石名称	柱状图	累深/m	层厚/m	岩石名称
	52.50	52.50	黄土		112.49	1.05	泥岩
	59.15	6.65	粉砂岩		117.75	5.26	粉砂岩
	72.60	13.45	细粒砂岩		119.52	1.77	细粒砂岩
	77.65	5.05	粉砂岩		127.85	8.33	粉砂岩
	84.45	6.80	泥岩		130.25	2.40	细粒砂岩
	86.20	1.75	粉砂岩		146.49	16.24	粉砂岩
	87.20	1.00	细粒砂岩		148.25	1.76	3^{-1}号煤
	93.85	6.65	粉砂岩		149.88	1.63	粉砂岩
	104.43	10.58	中粒砂岩		151.11	1.23	3^{-1}号煤
	106.00	1.57	细粒砂岩		155.50	4.39	粉砂岩
	109.18	3.18	粉砂岩		167.60	12.10	中粒砂岩
	111.44	2.26	2^{-2}号煤		169.70	2.10	粉砂岩

由第 2 章间隔式采空区顶板垮落特征可知，伪顶、直接顶垮落，基本顶弯曲下沉且中部裂隙发育程度较高。结合 20113（1）工作面地质特征可知，间隔式采空区垮落带高度为：

$$h_c = h_i + h_f + c \qquad (3-10)$$

式中，h_i 为直接顶平均高度，m；h_f 为伪顶平均高度，m；c 为基本顶岩层中裂隙贯通高度，m。

　　参照表3-4，南梁煤矿直接顶、伪顶分别为粉砂岩及细砂岩，属坚硬岩层，将采高代入式（3-7）可得采空区破碎岩体碎胀率为：

$$BF' = c_1 h + c_2 = 2.1 \times 2.2 + 16 = 20.62$$

　　碎胀系数为1.2062，以南梁煤矿20113（1）工作面为例，伪顶与直接顶高度和平均为2.7m，碎胀后高度为3.25m，而煤层底板至基本顶高度为4.9m，垮落顶板破碎岩体与基本顶之间间距为1.65m，与现场实况不符。若破碎岩体充满采空区，按上述反推基本顶垮落高度约8m，同样与事实相否，因此，采用表3-4中参数及式（3-7）描述间隔式采空区顶板垮落特征，与事实出入较大。

　　图3-19及式（3-9）描述浅埋煤层采空区内破碎岩体初始碎胀系数约为1.75，20113（1）工作面直接顶及伪顶垮落后碎石高度约为4.81m，与煤层底板至基本顶高度接近，因此间隔式采空区内碎石基本充满采空区，与现场观测相符。对比表3-3中砂岩碎胀系数，砂岩碎胀系数区间为1.5~1.8，沉积岩层理发育完整，采空区顶板垮落后相对排列规整，实验室测试结果受破碎岩块块度大小、分布模型等因素的影响，实验结果一般偏大于采空区破碎岩体的碎胀系数，由此初步判断南梁煤矿 2^{-2} 号煤层间隔式采空区内破碎岩体初始碎胀系数合理取值区间为1.5~1.8。

　　关于破碎岩石承载能力及变形特性的理论研究主要如下。

　　Smart and Haley以破碎岩体中各块体力学属性相同的假设为前提，采用式（3-11）四阶多项式形式描述了破碎岩体的应力与应变之间的关系。

$$\sigma = 512.9\varepsilon^4 - 294\varepsilon^3 + 121\varepsilon^2 - 1.7\varepsilon + 0.007 \tag{3-11}$$

式中，σ 为破碎岩体内垂直应力，MPa；ε 为垂直应变。

　　针对碎胀系数为1.5的破碎岩体，修正的Smart and Haley公式描述为式（3-12）形式：

$$\sigma = \frac{\varepsilon}{0.164 - 0.44\varepsilon} \tag{3-12}$$

　　Salamon提出的采空区内破碎岩体压实理论中破碎岩体压实应力-应变关系式如式（3-13）所示：

$$\sigma = \frac{E_0 \varepsilon}{1 - \varepsilon/\varepsilon_m} \tag{3-13}$$

式中，E_0 为垮落岩石的初始弹性模量，MPa；ε_m 为最大垂直应变。

　　除上述理论研究外，Trueman通过碎石堆加载实验的方法获取了破碎岩体承载特征，实验数据散点折线如图3-20所示，破碎岩体三维离散数值模拟压实特征曲线如图3-21所示。

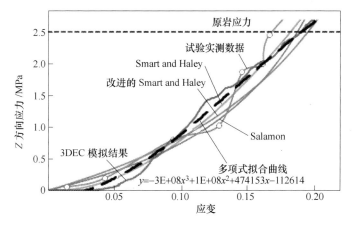

图 3-20   破碎岩体应力-应变曲线

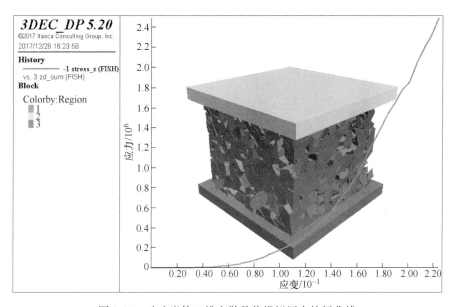

图 3-21   破碎岩体三维离散数值模拟压实特征曲线

由图 3-18、图 3-19 可知，不同岩性破碎岩体残余碎胀系数约为 1.25。由第 2 章中关于间隔式采空区基本顶垂直位移分析部分可知，基本顶下沉量最大值约为 1.43m。由图 3-20、图 3-21 可知，间隔式采空区内破碎岩体最大承载为上覆岩层自重，最大应变量约为 0.22。

碎胀系数变化与破碎岩体受载应变之间的关系可描述为：

$$(BF - BF_t)h_c = \varepsilon h_c \qquad (3-14)$$

式中，BF_t 为破碎岩体承载过程中的实时碎胀系数；h_c 为间隔式采空区内垮落带高度，m；ε 为破碎岩体应变大小。

采用式（3-10）计算间隔式采空区垮落带高度时，假设 $c=0$，垮落带高度为 2.7m，破碎岩体的高度为 $2.7BF$。由式（3-14）可知碎胀系数变化量与破碎岩体轴向应变大小相等，因此可将破碎岩体碎胀系数描述为：

$$BF = \varepsilon + BF_t \tag{3-15}$$

当残余碎胀系数取 1.25，最大轴向应变大小为 0.22 时，顶板破碎岩体碎胀系数为 1.47，伪顶与直接顶平均高度之和为 2.7m，采空区内破碎岩石高度为 3.969m。由此可知，当 $c=0$ 时，基本顶岩层为发生弯曲变形前，基本顶处于悬空状态，悬空高度为 0.931m。

式（2-10）、式（2-12）描述了基本顶垂直位移分量大小，结合破碎岩体压实特性曲线公式，可将间隔式采空区内破碎岩体承载方程表示为：

$$\varepsilon_{gv} = \frac{v - h_m - h_c + (h_c \cdot BF)}{h_c \cdot BF} = \frac{v - h_m - h_c + [(h_i + h_f + c) \cdot BF]}{(h_i + h_f + c) \cdot BF}$$

$$\tag{3-16}$$

破碎岩体三维离散元压实特征曲线如图 3-21 所示，

$$\sigma_{gv} = -3e^8 \varepsilon_{gv}^3 + 1e^8 \varepsilon_{gv}^2 + 474153 \varepsilon_{gv} - 112614 \tag{3-17}$$

式（3-17）为分段函数，以基本顶垂直位移分量与破碎岩体至顶板距离相等为临界点，将分段函数描述为：

$$\sigma_{gv} = \begin{cases} 0 & ; \ v \leqslant h_c + h_m - h_c \cdot BF \\ -3e^8 \varepsilon_{gv}^3 + 1e^8 \varepsilon_{gv}^2 + 474153 \varepsilon_{gv} - 112614 & ; \ v > h_c + h_m - h_c \cdot BF \end{cases}$$

$$\tag{3-18}$$

根据式（3-14）、式（3-16），可将平缓及冲沟地貌下间隔式采空区内破碎岩体轴向应变及垂直方向承载特征绘制成图，如图 3-22 和图 3-23 所示。

图 3-22 为平缓地貌间隔式采空区内垮落顶板破碎岩体垂直方向应变及承载特征。基本顶弯曲变形特征为两端变形量小，中间较大，若基本顶弯曲下沉量小于 $h_m + h_c - h_c \cdot BF$ 时，顶板冒落碎石与基本顶间存在空隙，因此，破碎岩体承受轴压为零；当基本顶弯曲下沉量大于 $h_m + h_c - h_c \cdot BF$ 时，根据破碎岩体三维离散元压实特性，可将基本顶弯曲下沉量对破碎岩体的压力绘制成图，如图 3-22 所示。基本顶对破碎岩体的压力与破碎岩体对基本顶的支承力为一对相互作用力，平缓地貌间隔式采空区破碎岩体承载宽度约 18m，采空区中部破碎岩体支承载荷最大值为 0.48MPa，采空区两端破碎岩体对基本顶支承力为零。

图 3-23 为冲沟地貌下间隔式采空区内破碎岩石在基本顶弯曲下沉作用下垂直应变及应力分布特征（冲沟倾角 30°）。破碎岩体垂直方向应变和垂直应力大小分布规律与平缓地貌条件下保持一致，中间部分承载，两端悬空为支承作用，承载部分宽度约为 20m，最大支承载荷为 1.055MPa。参照图 3-22（b）可知，冲沟地貌采空区内压实程度与承载大小均高于平缓地貌采空区。

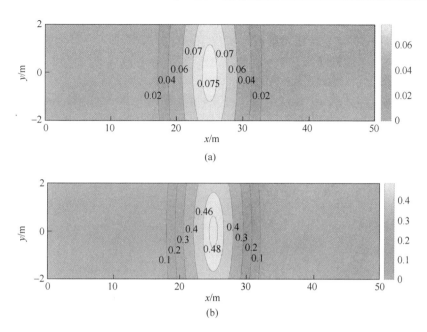

图 3-22 平缓地貌间隔式采空区内破碎岩体垂直方向应变变化及承载规律云图

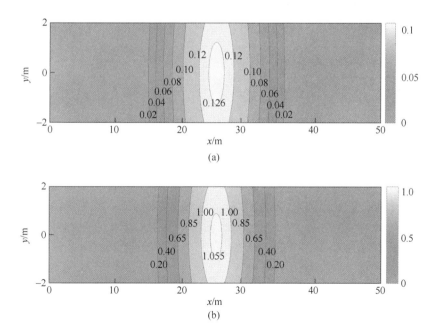

图 3-23 冲沟地貌间隔式采空区内破碎岩体承载规律云图 (倾角 30°)

取直接顶与伪顶厚度之和 (h_c-c) 为 2.7m，采高 (h_m) 为 2.2m，碎胀系数

（BF）为 1.47。图 3-24 和图 3-25 分别为冲沟及平缓地貌下碎胀系数、采高、基本顶损伤高度对采空区内破碎岩体最大支承载荷的影响。

图 3-24 为平缓地貌下采高、碎胀系数、基本顶损伤高度与支承载荷大小之间的影响关系。图 3-24（a）为碎胀系数作为单一因素对支承载荷的影响，由图可知，当破碎岩体的碎胀系数小于 1.36 时基本顶中部垂直位移最大处与破碎岩体仍存在空隙，因此两者之间无接触支承力为零；随碎胀系数增加，支承力逐渐增加，当碎胀系数增至 1.7 附近时，随着碎胀系数增加基本顶与破碎岩体接触面积逐渐变大，支承载荷呈下降趋势。图 3-24（b）为采高大小对采空区承载的影响，随采高增加，支承载荷先增加后减小，最终稳定在不接触无支承的状态。图 3-24（c）为基本顶损伤高度对采空区支承载荷的影响，支承载荷随基本顶损伤高度增加而增加，增加速率逐渐减小。由于基本顶损伤高度增加，采空区碎石高度增加，承载面积大，支承载荷稳定。

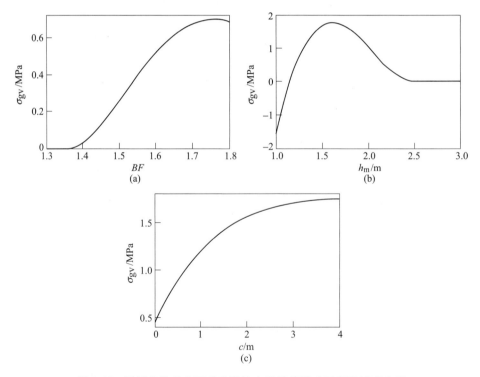

图 3-24　平缓地貌采空区破碎岩体支承载荷影响因素灵敏度分析

图 3-25 为冲沟地貌间隔式采空区内破碎岩体承载特征与其影响因素之间的关系曲线。碎胀系数、采高、基本顶损伤高度对冲沟地貌及平缓地貌下采空区碎石承载影响规律基本一致，但由于冲沟下基本顶变形略大于平缓地貌，因而采空区承载较大。

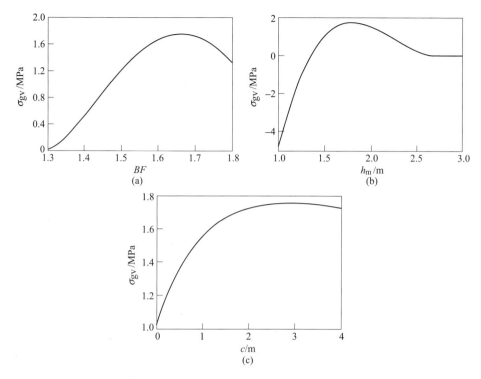

图 3-25 冲沟地貌采空区破碎岩体支承载荷影响因素灵敏度分析

综上，可确定南梁煤矿间隔式采空区内碎石碎胀系数为 1.47，其中冲沟地貌下残余碎胀系数小于平缓地貌，承载面积及最大支承载荷均大于平缓地貌。

3.4 本章小结

本章主要研究了破碎岩体的建模、赋参方法及压实特性。通过参数化 3D Voronoi 块体及剖分模型结合块体随机删除程序，建立了不同碎胀系数的破碎岩体模型，开发了不规则多面体剖分成程序，既细化了模型，又弥补了 3DEC 内置四面体、六面体单元无法准确描述岩石块体的功能缺陷。

引入 Weibull 分布模型描述破碎岩块的岩性分布特征。建立粉砂岩单轴压缩与巴西劈裂模型，反演了岩石及节理力学参数，与实验结果对比验证反演实验的可靠性。以校核后力学参数为平均值，结合 Weibull 分布系数生成多组岩性参数，编制 FISH 程序实现了破碎岩体单元及节理参数随机分布模型，此程序也突破了 3DEC 软件对参数组数不能超过 50 的限制。

通过单轴压缩实验研究了不同碎胀系数的破碎岩体模型压实特征。将模型压实变形曲线分为 5 部分，重点研究了空隙压密与弹性阶段破碎岩体变形特征，与理论分析及实验结果作对比，验证了破碎岩体三维离散多面体及细化模型、赋参方法、实验结果的准确性。本书中开发的模型细化、随机删除块体、赋参、应力-应变曲线监测程序可拓展应用于其他岩石力学实验中。

　　根据第 2 章中关于间隔式采空区基本顶两端固支梁垂直位移分量计算结果，结合采空区垮落带高度及破碎岩体承载特征，确定了南梁煤矿间隔式采空区内破碎岩体碎胀系数为 1.47，平缓及冲沟地貌承载宽度分别为 18m、20m，支承载荷最大值分别为 0.48MPa、1.055MPa。

4 间隔式煤柱承载特性与稳定特征

数字资源 4

浅埋煤层群中下组煤层开采过程中，上方采空区及煤柱不稳定引起的压架、矿震、溃沙、漏风等安全事故层出不穷。煤柱及采空区稳定性评价对浅埋近距离下组煤层开采具有重要的安全指导意义。本章基于间隔式煤柱分布特征及尺寸、间隔式采空区承载特征，计算得出不同地貌下间隔式煤柱上覆平均载荷，结合煤柱完全塑性失稳后其邻近煤柱上覆平均载荷变化规律，定义了煤柱单元失稳概率。采用重整化群方法将煤柱群划分并建立一级元胞模型，将煤柱失稳概率密度函数（PDF）表示为威布尔函数分布形式并给出不动点方程，进一步求解煤柱失稳临界概率。以南梁煤矿为实例，计算 2^{-2} 号煤层间隔式采空区中煤柱承载特征及稳定性，结合间隔式采空区煤柱群数值模拟结果，评价了间隔式采空区煤柱群稳定性。

浅埋煤层采空区稳定形式可归纳为以下三类：

（1）基本顶弯曲下沉且悬空。基本顶弯曲下沉且悬空即为采空区中伪顶全部垮落，直接顶部分或全部垮落，基本顶弯曲下沉，垮落在采空区中的破碎岩块与基本顶弯曲下沉挠度最大位置之间仍存在空隙，如图 4-1（a）所示。房式采空区、巷柱式采空区和部分刀柱式采空区稳定特征多为此类情形。

（2）采空区中部基本顶断裂且下方压实。如图 4-1（b）所示，采空区内伪顶、直接顶垮落，基本顶整体弯曲下沉，但中部裂隙发育充分。基本顶弯曲下沉垂直位移量最大处与采空区内碎石接触，依据基本顶弯曲下沉量确定采空区内碎石承载区域范围和特征。间隔式采空区及部分刀柱式采空区稳定状态特征与图 4-1（b）所描述的顶板稳定特征相符。

（3）采空区顶板充分垮落且采空区内碎石处于承载或压实状态。如图 4-1（c）所示，2^{-2} 号煤层采空区内碎石完整填充且处于承载或压实状态，由于浅埋煤层具有单一关键层结构的特征，因此，关键层破断后，裂隙带将贯穿至地表，地表出现裂缝及台阶式下沉的现象。采空区内顶板的此类稳定特征适用于描述长壁开采采空区和残留煤柱已完全破坏的刀柱、巷柱、房式采空区稳定状态。

不同采空区稳定状态下采空区内煤柱承载差异较大，若煤柱上方载荷不足以使整个煤柱断面处于塑性状态，则采空区内煤柱处于稳定状态，煤柱下方一定在深度范围内应力集中；若煤柱全断面处于塑性状态，采空区顶板完全垮落，采空区上方应力释放，底板承载上覆岩层重量。由上述分析可知，间隔式采空区稳定形式如图4-1（b）所示。

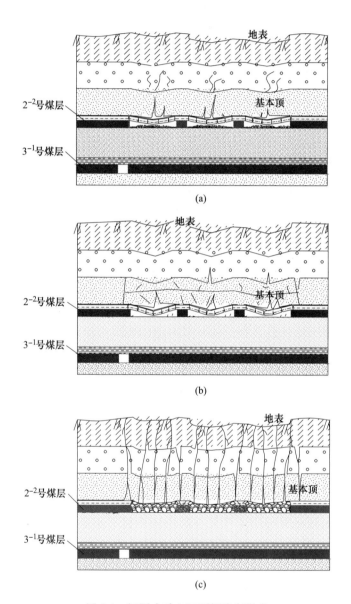

(a)

(b)

(c)

图4-1 间隔式采空区顶板稳定形式

（a）基本顶弯曲下沉且悬空；（b）采空区中部基本顶断裂且下方压实；

（c）顶板充分垮落且采空区处于压实状态

4.1　间隔式煤柱长期承载特性

间隔式采空区内承载结构主要分为两个部分：煤柱，破碎岩体。两者共同承担采空区上覆岩层自重，分别确认两者承载大小是确认采空区下方应力分布规律的前提。第3章研究了不同地貌形式下间隔式采空区内破碎岩体的承载范围及承载大小，本节基于基本顶垂直位移分量及采空区内破碎岩体承载特征，研究间隔式采空区内煤柱及煤柱群承载特征。

由于间隔式采空区承载结构由煤柱和采空区碎石两部分组成，根据采空区内顶板伪顶特征可反推间隔式采空区内碎石承载曲线公式，进而可以确定煤柱上覆承载大小。式（2-10）、式（2-12）分别描述了不同地貌下间隔式采空区内基本顶分层垂直位移分量大小；式（3-14）、式（3-16）描述了采空区碎石承载和变形特性；采空区碎石承载曲线如图4-2所示，图4-2（a）描述了平缓地貌间隔式采空区中破碎岩体承载特征，图4-2（b）描述了倾角为30°冲沟下间隔式采空区

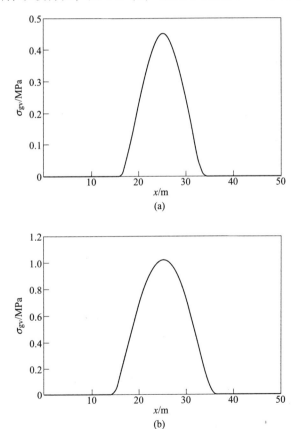

图4-2　不同地貌间隔式采空区内碎石承载曲线

（a）平缓地貌；（b）冲沟地貌

内碎石承载特征。

采空区内碎石在基本顶弯曲变形下的应变可描述为：

$$\varepsilon_{gv} = \frac{v - h_m - h_c + (h_i + h_f + c) \cdot BF}{(h_i + h_f + c) \cdot BF}$$

采空区承载曲线表达式为：

$$\sigma_{gv} = \begin{cases} 0 & ; \ v \leqslant h_c + h_m - h_c \cdot BF \\ -3e^8 \varepsilon_{gv}^3 + 1e^8 \varepsilon_{gv}^2 + 474153\varepsilon_{gv} - 112614 & ; \ v > h_c + h_m - h_c \cdot BF \end{cases}$$

基本顶稳定状态为弯曲下沉，基本顶中部与采空区内直接顶、伪顶碎石相接触，接触位置存在集中载荷，未接触区域无支承应力。间隔式采空区碎石承载规律曲线如图 4-2 所示，应力曲线均呈拱形分布，基本顶中部支承载荷最大，平缓地貌、冲沟地貌采空区内碎石承载最大值分别为 0.48MPa、1.05MPa，最大值均小于上覆岩层自重，因此，采空区内碎石均处于未被压实状态。

采空区内碎石承载大小可采用积分的形式描述，表达式为：

$$q_{gv} = \int_0^l \sigma_{gv} dx \tag{4-1}$$

式中，l 为间隔式采空区宽度，m。

间隔式采空区与煤柱上覆岩层自重为：

$$q_r = \gamma \cdot (h - h_c) \cdot (l + b_p) \tag{4-2}$$

式中，γ 为采空区上覆岩层自重，MN/m³；h 为采空区上覆岩层平均厚度，m；h_c 为采空区垮落带高度，m；l 为采空区宽度，m；b_p 为间隔式煤柱宽度，m。

根据式（4-1）、式（4-2）可将间隔式煤柱上覆载荷大小表示为：

$$q_p = q_r - q_{gv} \tag{4-3}$$

假设间隔式煤柱及采空区上覆岩层自重均布于煤柱上方，因此，煤柱上载荷可表示为：

$$q_{p\_av} = \frac{q_p}{b_p}$$

根据式（4-1）及图 4-2 求得平缓、冲沟地貌下采空区内破碎岩体承载大小分别为 4.49MN、12.85MN，取 $h_c = 2.7$m，$b_p = 10$m，$l = 50$m，$\gamma = 0.022$MN/m³，$h = 94$m，因此间隔式采空区及煤柱上方岩层自重为 120.5MN，煤柱上覆均布载荷大小分别为 11.6MPa、10.77MPa。

为研究间隔式煤柱承载及变形特性，建立了如图 4-3 所示的数值计算模型。模型尺寸如图中标注所示，模型外界尺寸为 12m×4m×18m，煤柱尺寸为 10m×1m×2.2m；顶底板岩层名称如图例所示，各分层岩性见表 2-4；除煤柱宽度方向左、右两侧面与模型上表面无位移边界外，其余表面均为外法线方向位移约束，模型上表面为上覆岩层，转换为垂直方向应力载荷，大小为 4.83MPa，侧压系数设置为 1.2。模型中有限元单元为四面体单元,煤柱两侧向中心位置单元边长渐变增大,最小边长为 0.15m,最大边长为 1.5m,模型中所有单元均共节点,煤柱与顶底板之间单元尺寸自由渐变的划分方式较真实地描述了煤柱赋存特征。

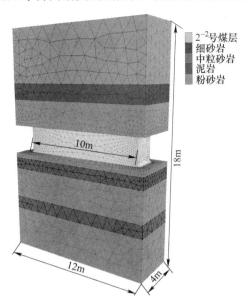

图 4-3　间隔式煤柱承载特征数值模型

　　由于间隔式采空区为遗留老空区,采空区内煤柱在采空区内长时间承载,本书考虑到岩石的流变特性,采用了伯格斯-摩尔模型与摩尔-库仑模型对比分析间隔式煤柱承载特性。摩尔-库仑准则中采用包络线准则的形式描述了岩石的拉、剪破坏形式;伯格斯-摩尔模型是以黏弹塑性应力和弹塑性体积变形为特征的弹塑性模型,假定黏弹性和黏塑性应变率串联,即 Maxwell 本构和 Kelvin 本构串联而成的 Burgers 模型,塑性本构关系采用摩尔-库仑本构模型,以此准则判定塑性破坏类别,如图 4-4 所示。

　　伯格斯-摩尔模型在不同受力状态下本构方程可分为两组别,当 $\sigma < \sigma_s$ 时图 4-4 模型等价于 Burgers 蠕变模型;当 $\sigma \geqslant \sigma_s$ 时,本构则为伯格斯-摩尔模型,其偏应力及应变分量行为描述如下。

　　应变率:

$$S_{ij} = \sigma_{ij} - \sigma_0 \delta_{ij} \tag{4-4}$$

$$e_{ij} = \varepsilon_{ij} - \frac{e_{vol}}{3} \delta_{ij} \tag{4-5}$$

式中,$\sigma_0 = \dfrac{\sigma_{kk}}{3}$; $e_{vol} = \varepsilon_{kk}$。

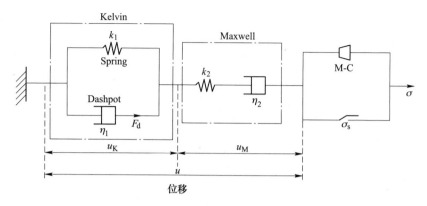

图 4-4   伯格斯-摩尔模型图

Burgers 模型的应变率可表示为：

$$\dot{e}_{ij} = \dot{e}_{ij}^{K} + \dot{e}_{ij}^{M} + \dot{e}_{ij}^{P} \tag{4-6}$$

Kelvin 模型：

$$S_{ij} = 2\eta^{K}\dot{e}_{ij}^{K} + 2G^{K}e_{ij}^{K} \tag{4-7}$$

Maxwell 模型：

$$\dot{e}_{ij}^{M} = \frac{\dot{S}_{ij}}{2G^{M}} + \frac{S_{ij}}{2\eta^{M}} \tag{4-8}$$

式中，Kelvin、Maxwell 和塑性体的应力应变标识符为 $\cdot^{K}$, $\cdot^{M}$, $\cdot^{P}$；η 为黏度。

摩尔-库仑模型：

$$\dot{e}_{ij}^{P} = \lambda\frac{\partial g}{\partial \sigma_{ij}} - \frac{1}{3}\dot{e}_{vol}^{P}\delta_{ij} \tag{4-9}$$

$$\dot{e}_{vol}^{P} = \lambda\left[\frac{\partial g}{\partial \sigma_{11}} + \frac{\partial g}{\partial \sigma_{22}} + \frac{\partial g}{\partial \sigma_{33}}\right] \tag{4-10}$$

体积变形特性描述为：

$$\dot{\sigma}_{o} = (\dot{e}_{vol} - \dot{e}_{vol}^{P})K \tag{4-11}$$

式中，K、G 分别为材料的体积模量与剪切模量，MPa。

岩石塑性破坏类型判别准则为摩尔-库仑准则，表达式描述如下。

剪切破坏：

$$f = \sigma_{1} - \sigma_{3}N_{\varphi} + 2c\sqrt{N_{\varphi}} \tag{4-12}$$

拉破坏：

$$f = \sigma^{t} - \sigma_{3} \tag{4-13}$$

式中，c 为黏聚力，MPa；σ_{1}、σ_{3} 分别为最大、最小主应力，MPa；σ^{t} 为抗拉强度（拉正压负），MPa。

$$N_\varphi = \frac{1 + \sin\varphi}{1 - \sin\varphi}$$

数值计算模型中描述伯格斯-摩尔本构的弹性行为采用体积模量、剪切模量或者弹性模量、泊松比两种组合方式，两组参数间可以相互转化；σ^t 取值为抗拉强度与 $c/\tan\varphi$ 的较小值；当模型体积行为在流变中忽略考虑时，蠕变行为由偏应力分量引起；FLAC^{3D} 程序中 Kelvin 体应变率与初始应力加载无法兼容，只有应变发生改变时才能产生位移。为了解决此问题，需要编制 FISH 程序预设初始应变值来表征其承载状态，初始应变值可由用户自定义，在模型施加应力边界后立即调用此程序，程序的思维导图如图 4-5 所示。

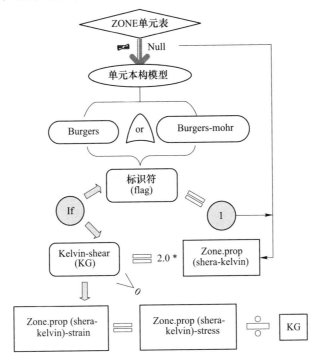

图 4-5 伯格斯-摩尔模型初始应变设置流程图

预设 Kelvin 模型应变初始值流程为：首先遍历单元体生成列表，判断其本构模型类型，定义一个标识符，若单元体本构模型为"伯格斯-摩尔"或"Burgers"，则赋予标识符值为 1；然后，判断单元体本构中开文体剪切模量大小，若为正值，则根据单元体不同的应力分量计算其应变分量大小，并返回赋值于对应单元体。

2^{-2} 号煤层伯格斯-摩尔模型参数见表 4-1，其他岩层岩性参数见表 2-4。为模拟间隔式煤柱在上覆岩层作用下流变特性，设置流变时间步长 $1×10^{-3}$ s/step，上表面加载速率为 $1×10^{-5}$ m/step。

表 4-1　伯格斯-摩尔模型参数表

岩性	体积模量	剪切模量		Kelvin 黏度	黏聚力	内摩擦角	抗拉强度
		Kelvin	Maxwell				
2^{-2} 号煤	$2.5×10^3$ MPa	$1.1×10^3$ MPa		$1.1×10^3$ MPa·s	2.98MPa	44°	1.45MPa

　　分别采用摩尔-库仑模型、伯格斯-摩尔模型研究间隔式煤柱承载变形特征，对比不同本构模型对应数值计算结果，如图 4-6 所示。分别对比了模型的 x、z 方向位移，最大主应力，最大剪切力，z 方向应力云图，对比两种模型 x 方向位移云图，顶底板受 x 方向位移约束，因此，x 方向位移为 0，仅煤柱两侧存在 x 方向位移且关于竖直方向呈对称，煤柱两侧 x 方向位移分量等值线呈凹槽性分布，摩尔-库仑、伯格斯-摩尔模型 x 方向位移最大值分别为 $6.52×10^{-3}$ m、$1.098×10^{-2}$ m，煤柱两侧向煤柱中心位置位移大小逐渐减小，中心区域大小为 0。两种本构计算结果中，垂直位移分量分布规律一致，由于流变模型考虑了载荷的长期作用，因此，煤柱内垂直方向变形量的最大值略大于库仑-摩尔模型，其大小分别为 $1.71×10^{-3}$ m、$1.65×10^{-3}$ m。

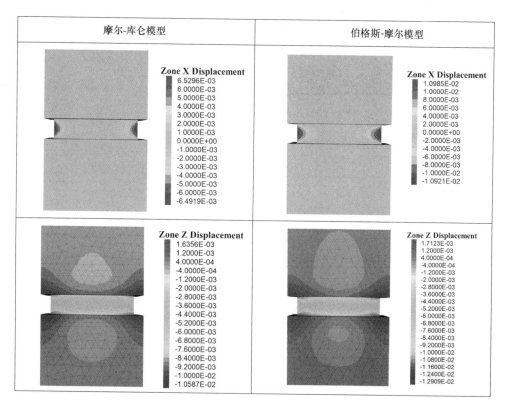

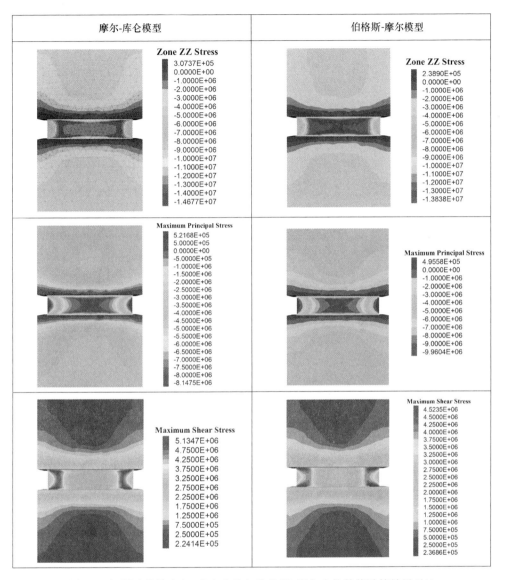

图 4-6　间隔式煤柱摩尔-库仑本构与伯格斯-摩尔本构数值计算结果对比

两种本构模型下间隔式煤柱内部应力分布规律对比如下：

（1）垂直应力分量。两组模型中垂直位移云图分布规律相似，应力值大小不同，煤柱两侧凹槽区域应力值较中心部分小，但凹槽与中间区域临界处应力值较大，凹槽范围内应力值逐渐增大，中心部分垂直应力大小保持稳定。

（2）摩尔准则的表达形式之一为最大、最小主应力形式，因此最大主应力是影响煤柱内单元损伤的重要因素之一，煤柱两侧最大主应力值小于煤柱中部，且煤柱内部最大主应力分布形式与单轴压缩双剪切面相似，其中流变模型中最大主应力峰值宽度小于库仑-摩尔模型。

（3）最大剪切力、最大剪应力作为反映模型中单元剪切破坏的应力变量，其分布特征与模型中单元剪切破坏分布规律一致，剪切应力峰值边界与煤柱剪切破坏的边界重合。

煤柱中心处（$z=9$）垂直应力监测结果曲线如图 4-7 所示，编制 FISH 程序分别监测了两种本构模型计算结果中煤柱承载特征。不同的本构模型对应煤柱承载特征一致，承载曲线均呈两侧上升，中部平缓近似于直线型，因此可采用线性、多项式拟合的方法将每条曲线分三段拟合，拟合结果如图 4-7（b）所示。

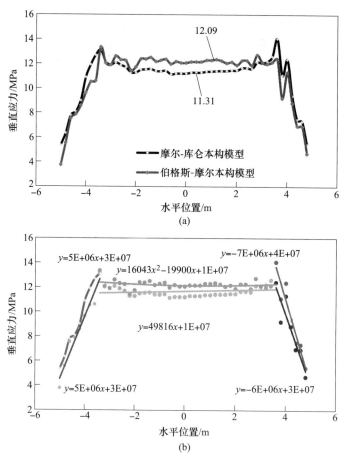

图 4-7　间隔式煤柱承载特征曲线

（a）应力曲线；（b）拟合线

结合煤柱赋存条件，并对比图 4-7 中两种本构模型计算结果可知，描述间隔式煤柱应力应变行为合理的本构模型为伯格斯-摩尔模型。

由前述计算可知，平缓地貌、冲沟地貌间隔式煤柱上覆载荷分别为 11.6MPa、10.77MPa，平缓地貌条件下间隔式煤柱上方承载特性可等效地描述为均布载荷[154]，图4-6研究了平缓地貌下间隔式煤柱承载及变形特性。确定冲沟地貌下煤柱上方承载特征是研究冲沟地貌下间隔式煤柱内垂直分布特征的前提，张付涛等[155]以 RFPA 软件数值计算结果为基础，推导了煤柱上垂直载荷与煤柱方向 (x) 之间的函数关系，且认为煤柱上方载荷描述公式为线性的，斜率与冲沟坡度一致，此描述方法仅考虑到冲沟坡体顶点与脚点之间的高程差，未考虑到岩层容重对应的地应力关系，因此，需进一步确定煤柱上覆载荷分布特征。

为确定冲沟坡体下煤柱上覆载荷特征，采用有限元软件 RS3 建立冲沟地貌下间隔式开采数值计算模型，如图4-8所示。模型尺寸为：宽200m，高120m，厚1m，模型左上角为冲沟地貌，坡体倾角为30°；位移约束为上表面自由，其余表面固定其法向位移为0，模型底角四个节点三个方向均固定。应力边界：水平侧压系数取值1.2，上表面为地表，无垂直应力。采用四节点四面体单元等级网格划分模型，边长为0.6m。由于此模型主要用于研究煤柱上覆载荷分布规律，为节约计算能力，模型顶底板并未分层，顶板使用粉砂岩，底板为细砂岩，岩性参数表见2-4。

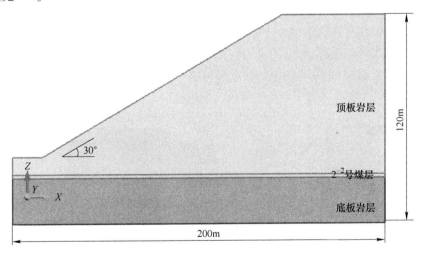

图4-8 冲沟地貌间隔式开采模型

冲沟地貌间隔式煤柱模型外形源自于".obj"格式图形文件导入，有效地避免了数值计算前期建模功能的不足。计算部分共分为两部分：初始地应力平衡与开挖应力二次分布。图4-9为冲沟坡体下初始地应力垂直应力分布云图，原岩应力垂直方向分量为岩层自重，垂直应力大小与埋深成正比，最大埋深处应力值为2.64MPa，地表垂直应力大小为零，坡体下应力分布斜率与坡体坡度一致。

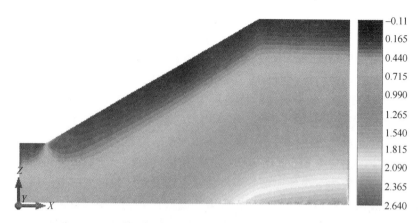

图 4-9 冲沟地貌间隔式模型地应力垂直应力分量分布云图

　　为研究间隔式煤柱承载特性，冲沟地貌下间隔式工作面开挖不分向沟、背沟方式，图 4-10 所示三个间隔式采空区同时开挖，模拟中设置为同一个工况。间隔式工作面开挖完成后垂直应力二次分布，由于煤柱上覆应力集中分布，模型中垂直应力最大值为 12.25MPa，远大于模型原岩应力的最大值。模型中粉红色标识点为塑性区标识符（见数字资源 4 中彩图 4-10），埋深较大间隔式煤柱两侧及工作面前方煤壁存在凹槽型分布塑性区，煤柱上垂直应力分布分两个区域，如图 4-10A、B 两部分所示。A 区域应力云图等值线斜率与坡体基本一致，B 区域为煤柱上方应力集中区域，应力集中分布区域受采动影响等值线斜率与坡度不同。为进一步确定煤柱上垂直应力分布特征，在煤柱上方设置测点监测应力分布规律。

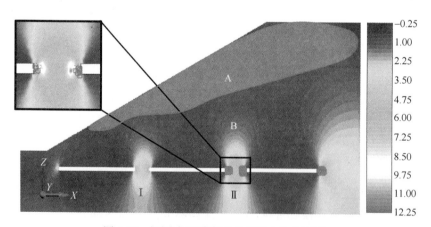

图 4-10 间隔式开采模型垂直应力分布云图

　　间隔式煤柱内及上覆岩层中垂直应力分布特征曲线如图 4-11 所示，应力分布曲线揭示了间隔式回采工作面采动后煤柱上覆应力变化规律。图 4-11（a）、（b）

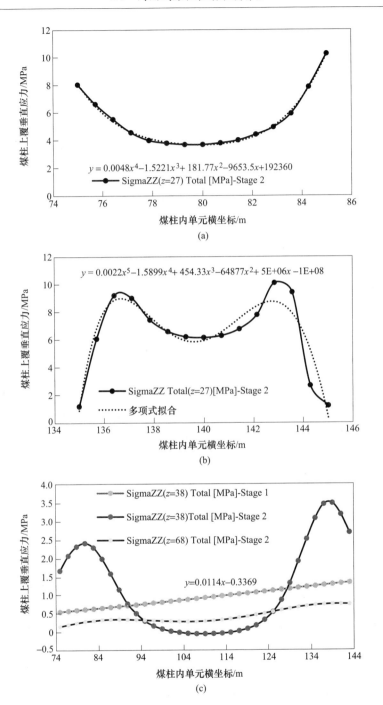

图 4-11　间隔式煤柱内及上覆岩层中垂直应力分布特征曲线

（a）间隔式煤柱Ⅰ上方垂直应力分布曲线；（b）间隔式煤柱Ⅱ上方垂直应力分布曲线；

（c）间隔式煤柱覆岩内垂直应力分布曲线

分别为间隔式煤柱 I、II 内 15 个等距测点在间隔式工作面开挖完成后中部应力二次分布曲线，煤柱 I 中部垂直应力呈凹型分布。由于埋深较小，煤柱内应力值较小，因此，煤柱内无塑性单元，两侧应力值大于中间部分，煤柱左侧应力值小于右侧；由于地表为冲沟坡体，垂直应力曲线整体向右上侧倾斜。图 4-11（b）为间隔式煤柱 II 上覆垂直应力分布曲线，由于煤柱 II 上覆岩层厚度较大，其上覆载荷较大，因此煤柱 II 两侧存在宽度约 1.60m 的塑性区；同样由于地表为冲沟地貌，煤柱左侧埋深小于右侧，因此，煤柱右侧垂直应力最大值大于煤柱左侧且右侧塑性区宽度略大于左侧。煤柱中心弹性区域承载特征与图 4-11（a）中相似，均无法用冲沟坡体相关的线性关系描述，因此，冲沟地貌间隔式煤柱承载数值大小与埋深及冲沟地貌参数相关但无法采用线性表达式描述，但可以采用多项式拟合的方式进行描述，如图 4-11（b）所示。

由上述分析可知，间隔式煤柱上覆垂直应力无法采用线性公式描述，因此，仅能通过多项式拟合获取，但考虑到边界及计算量的影响，数值计算模型较小，模型上表面应力边界可采用线性形式描述。如图 4-11（c）所示，图中三条曲线分别为距离底板 38m、68m 处垂直应力在采动前后的变化曲线，38m 处初始地应力采用线性拟合与原曲线拟合度很高，拟合线斜率为 0.0114。考虑岩层重力的影响，原岩应力垂直方向分量线性描述公式斜率为 $k = \gamma \cdot \tan\alpha$，$\gamma$ 为岩层容重，α 为冲沟坡体倾角，采用 2.3 节的参数，$k = 0.022 \cdot \tan30° = 0.0127$，拟合曲线斜率为 0.0114，吻合度高。$z = 68m$ 位置采动影响后垂直应力曲线和 $z = 38m$ 处原岩应力曲线斜率基本保持一致，因此，数值计算模型应力边界可采用线性公式结合 FISH 语言进行描述。对比 $z = 38m$ 和 $z = 68m$ 处应力曲线可知，间隔式回采工作面对覆岩中应力分布二次影响较大，建议数值模型上边界岩层为基本顶岩石，避免采动作用对应力边界的影响。

同样采用图 4-3 所示间隔式煤柱模型，除上表面应力边界与平缓地貌下不同，其余边界及网格划分方式均相同，煤柱材料单元的本构模型为伯格斯-摩尔模型。编制 FISH 程序采用节点加载的方式将 2.3 节中线性载荷加载至模型上表面。FISH 程序中载荷线性变化特征由节点 x 坐标及用户自定义 k 值直接关联，线性函数在煤柱内（$-5, 5$）区间积分大小为 107.7，模型左侧节点应力大小 4.4113MPa，右侧节点载荷为 4.5637MPa。

图 4-12 为冲沟地貌下间隔式煤柱上应力分布云图，图 4-12（a）为垂直应力分量，图 4-12（b）为最大主应力。应力分布云图与图 4-6 分布规律基本保持一致，由于上表面加载线性载荷斜率较小，因此平缓、冲沟地貌下间隔式煤柱承载云图无显著差异。煤柱两侧应力值小于中间部分，由于煤柱两侧处于塑性状态，中间部分为弹性区域，因此中间区域为应力集中区域，两侧应力值较小。采用上文中 zone 单元应力监测程序，在煤柱中心布置间隔 0.2m 的测点，监测煤柱承载特征。

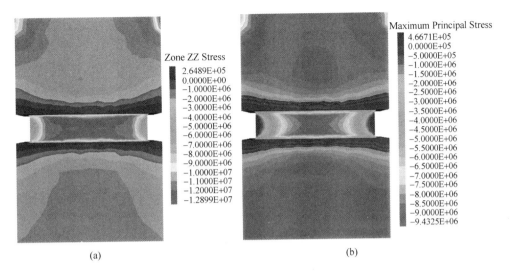

(a)　　　　　　　　　　　　　　　(b)

图 4-12　模型应力分布云图

冲沟地貌间隔式煤柱承载曲线如图 4-13 所示，以煤柱横截面范围内应力峰值点为边界，左侧宽度 1.6m、右侧 1.4m 范围内为应力释放区域，煤柱中心处单元垂直应力大小为 11.33MPa，且煤柱中心应力集中区域应力值大小趋于稳定。分别采用线性及多项式拟合的形式分三段拟合煤柱上方承载特征曲线，拟合公式如图 4-13 标注所示，两侧应力释放区域对称承载，采用线性拟合，中部应力集中区域采用 6 次多项式拟合，拟合精度较高。

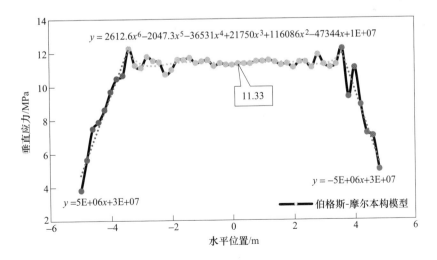

图 4-13　冲沟地貌间隔式煤柱上覆垂直应力曲线

4.2　间隔式煤柱塑性区宽度计算

（1）Wilson 煤柱理论。根据威尔逊煤柱理论确定煤柱内塑性区、弹性区范围的方法可知，煤柱应力峰值位置作为煤柱单元弹、塑性状态分界点，煤柱两侧应力状态在包络线外时发生塑性破坏，应力向煤柱中线区域转移，由加载实验结果可得煤柱塑性区宽度与煤柱高度、埋深之间的关系，其表达式为：

$$B = 0.00492 h h_m \tag{4-14}$$

式中，h 为埋深，m；h_m 为采高，m；B 为塑性区宽度，m。

（2）极限平衡理论。极限平衡理论的基本假设为处于极限平衡区内的煤柱与顶板底板节理面上的正应力 σ_n 与剪应力 τ 满足摩尔-库仑破坏准则：

$$\tau = c + \sigma_n \tan\varphi \tag{4-15}$$

式中，c 为节理面的黏聚力，MPa；φ 为内摩擦角，（°）。

忽略煤柱内单元体侧向约束应力，塑性区宽度计算表达式为：

$$B = \frac{h_m \lambda d}{2\tan\varphi} \ln\left(1 + \frac{K\gamma h}{c}\tan\varphi \right) \tag{4-16}$$

式中，h_m 为采高，2.2m；λ 为弹塑性区临界面的侧压系数，$\lambda = \mu/(1-\mu)$，μ 为泊松比，取 0.29；d 为开采扰动因子，1.5；φ、c 分别为煤柱与顶底板接触面的内摩擦角与黏聚力，$\varphi = 44°$，$c = 1.45$MPa；K 为应力集中系数，K 取 1.0；γ 为煤柱上覆岩层的平均容重，取 0.022MN/m³；h 为埋深，94m。

（3）摩尔-库仑强度准则。摩尔-库仑准则是发展较早且应用广泛的一种准则。材料破坏类型均为剪破坏，煤柱的力学行为可采用此模型描述，结合煤的力学性质可以将煤柱塑性区宽度计算表达式描述为：

$$B = \frac{h_m d}{2\tan\varphi}\left[\ln\left(\frac{c + \sigma_m \tan\varphi}{c + (\sigma_x \tan\varphi)/\lambda} \right)^{\lambda} + \tan^2\varphi \right] \tag{4-17}$$

式中，φ 为煤体自身内摩擦角，44°；c 为煤的黏聚力，2.98MPa；σ_m 为煤柱极限强度，$\sigma_m = \eta_s c$，2^{-2} 号煤层抗压强度 20.43MPa，η_s 为煤的流变系数，2^{-2} 号煤层取 0.91；σ_x 为侧向压应力，在此，忽略水平应力的影响，$\sigma_x = 0$。

摩尔-库仑强度准则计算煤柱塑性区宽度时，假设煤柱单元的破坏类型为剪切破坏，且塑性区煤体单元可视为线弹性材料。此强度准则仅考虑了剪切破坏，忽略了拉破坏，且单元峰后模型过于理想化，与实际出入较大。

（4）抛物线准则。岩石破坏类型包含拉、剪两种，抛物线准则与格里菲斯抗拉强度准则表现形式相同，均描述了岩石在单轴抗压强度是抗拉强度不同倍数条件下的力学行为属性。抛物线准则下煤柱塑性区宽度计算公式如下：

$$B = d\left\{ \frac{h_m}{4}\sqrt{\frac{A'}{\sigma_m + B'}}\left[e^{\frac{2}{A'}(\sigma_{xb} - P_x)} - 1 \right] \right\} \tag{4-18}$$

由第 2 章中间隔式采空区顶板稳定特征可知，间隔式煤柱两侧顶板垮落形成的破碎岩块并未完全填充采空区，基本顶弯曲后与破碎岩体并未接触，因此，破碎岩块对煤柱的侧向应力约束忽略不计，即 $P_x = 0$。

$\sigma_{xb} = \lambda \sigma_m$，$\lambda = 0.408$，$\sigma_m = 20.43\text{MPa}$，$\sigma_{xb}$ 为煤单元弹塑性区域边界应力大小，MPa；A'、B' 为抛物线型摩尔强度准则的参数，其表达式为：

$$\begin{cases} A' = \sigma_c + 2\sigma_t - \sqrt{(\sigma_c + 2\sigma_t)^2 - \sigma_c^2} \\ B' = \sigma_t \end{cases} \tag{4-19}$$

式中，σ_t 为 2^{-2} 号煤抗拉强度，1.45MPa。

综合上述不同理论，计算间隔式煤柱塑性区宽度值，见表 4-2。

表 4-2 塑性区宽度理论计算结果

理论	塑性区宽度/m
Wilson 煤柱理论	1.01
极限平衡理论	1.56
摩尔-库仑强度准则	2.09
抛物线准则	1.84

上节分别采用不同的本构模型描述煤柱力学行为特性并计算了煤柱承载特征，由计算模型及承载特征曲线可总结煤柱塑性区分布特征及宽度大小，对比上述理论计算结果即可选择出合理的间隔式煤柱塑性区宽度计算方法。

图 4-14 为不同地貌条件下间隔式煤柱模型塑性区域分布特征图，图中分别描述了煤柱横断面、侧面塑性区及单元塑性类型分布，采用局部放大的图片清晰地描述塑性区特征。图 4-14 (a)、(b) 两模型中塑性区分布规律大致相同，均集中出现在煤柱两侧且呈凹槽形向煤柱中心区域扩展，忽略网格划分的影响，塑性区在煤柱两侧呈对称分布，单元破坏形式以剪切破坏为主，其中，煤柱与顶、底板接触位置和直接顶、底中部分单元为拉破坏。由于平缓地貌间隔式煤柱上覆载荷大于冲沟地貌，因此，平缓地貌间隔煤柱塑性宽度大于冲沟地貌，平缓地貌下间隔式煤柱单侧塑性区宽度为 1.71m，冲沟地貌下间隔式煤柱单侧塑性区宽度为 1.48m。由模型左视图可知，平缓地貌下间隔式煤柱顶板中拉、剪切破坏区域范围均大于冲沟地貌。

综合表 4-1 理论计算结果与图 4-14 数值模拟结果可知：极限平衡理论、抛物线准则适合用于间隔式煤柱塑性区宽度计算，抛物线准则中包含了拉、剪破坏，可以更准确地计算间隔式煤柱塑性区宽度。理论计算大于数值模拟结果的主要原因是开采扰动因素，间隔式工作面顶板未完全垮落，采动扰动影响较长壁开采偏小。

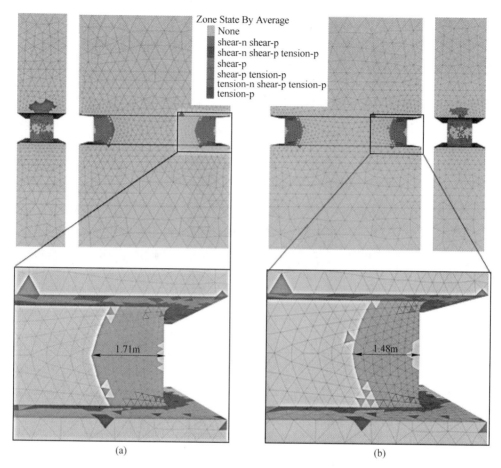

图 4-14 平缓、冲沟地貌间隔式煤柱塑性区分布特征
（a）平缓地貌；（b）冲沟地貌

4.3 间隔式煤柱群稳定特征

采空区内主要存在资源安全、井下安全生产（压架事故频繁）、地表建（构）筑物安全、生态和社会安全等隐患[197]。采空区稳定结构为"底板-煤柱-顶板"，煤柱稳定性决定采空区整体结构稳定状态[198]。上组煤层开采后，遗留煤柱上方应力重新分布，煤柱群的稳定性直接影响下方长壁工作面推进过上方煤柱时顶板压力大小，应力二次分布后煤柱上方垂直应力小于煤体强度极限时，煤柱群整体稳定，反之，煤柱失稳。稳定的间隔式煤柱中心弹性核区为应力集中区域，工作面出煤柱时顶板压力大，易发生切顶压架事故。因此，评价间隔式采空区中煤柱稳定性以确保下组煤层安全开采作为本章的重点研究内容之一。

影响煤柱稳定性因素众多，从不同角度预测判断煤柱稳定性方法也很多，其中，突变理论在煤柱失稳预测应用较早，尖点突变模型研究已提供煤柱失稳路径、判别式等，对单个煤柱适用性较强。蒙特卡洛法、逻辑回归法、半定量、概率逼近、模糊集合等数理统计方法在煤柱稳定性评估上应用广泛，此类方法对影响煤柱稳定的因素和事件考虑比较充分，但煤柱及采空区顶板应力状态变化等因素未参与计算。由于采空区中煤柱数量多，相邻煤柱之间稳定性具有互相影响的特性。因此，忽略煤柱群之间相互影响关系而仅考虑某一个煤柱稳定性，使得煤柱群稳性评估不够准确。重整化群理论通过系统内部基本组成单元进行自相似变化，从而描述宏观稳定性状态，结合威布尔失稳概率分布模型，计算系统稳定临界条件，分析间隔式采空区中煤柱群稳定性。本节利用概率统计及逻辑回归方法充分考虑煤柱分布方式、煤柱尺寸、强度，煤柱上覆载荷及煤柱间应力转移等因素对煤柱群系统稳定性影响。

4.3.1 间隔式煤柱群稳定性理论

如图 4-15 所示，基于采空区顶板塑性区拱角的煤柱上覆载荷计算方法为[201]：

$$\sigma_{\mathrm{aps}} = \frac{0.025\left[h\left(w_{\min} + \dfrac{b_1}{2} + \dfrac{W}{2}\right) - \dfrac{W^2\tan\beta}{8}\right]\left(w_2 + \dfrac{b_2}{\sin\theta}\right)}{w_{\min}w_2} \tag{4-20}$$

式中，$w_{\min} = w_1\sin\theta$；w_1、w_2 为煤柱截面边长，m；b_1、b_2 为煤柱间距，m；β 为采空区顶板冒落拱切线与竖直方向夹角，(°)；θ 为煤柱边界线间内错角，(°)，$\theta<90°$；W 为工作面宽度，m。

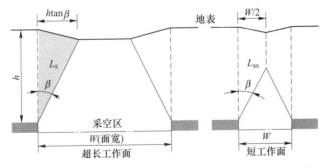

图 4-15　不同采空区宽度对应压力拱拱角分类简图[199,200]

如图 4-16 所示，考虑采空区冒落拱对煤柱上覆载荷影响的计算公式为：

$$L = L_{\mathrm{ss}} = \gamma\left(\frac{hW}{2} - \frac{W^2}{8\tan\beta}\right) \tag{4-21}$$

式中，L 为煤柱间载荷传递大小（L_s 或 L_{ss}）；γ 为覆岩容重，MN/m³；h 为 2⁻²号煤层埋深，m。

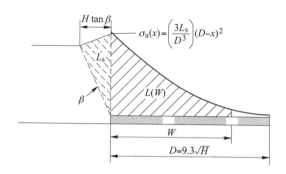

图 4-16   垂直应力在煤柱上方传递规律

$$\sigma_{\mathrm{a}} = \left(\frac{3L_{\mathrm{ss}}}{D^3}\right)(D - x)^2 \tag{4-22}$$

$$k = \frac{\sigma_{\mathrm{a}}}{\sigma_{\mathrm{aps}}} = \frac{0.15 w_1 w_2 \left(9.3\sqrt{H} - x\right)^2 \gamma (4HW - W^2 \cot\beta) \sin\theta}{H^{3/2}(w_2 + b_2 \csc\theta)\left[H(4b_1 + 4W + 8w_1 \sin\theta) - W^2 \tan\beta\right]} \tag{4-23}$$

煤柱强度可表示为：

$$\sigma_{\mathrm{ps}} = 6.88\frac{w_1^{0.5}}{H^{0.7}} \tag{4-24}$$

式中，w 为煤柱宽度，m；H 为煤柱高度，m。

定义煤柱单元体失稳概率 P_0 为：

$$P_0 = \frac{\sigma_{\mathrm{aps}}}{\sigma_{\mathrm{ps}}} \tag{4-25}$$

4.3.2 重整化煤柱群模型

间隔式采空区由煤柱支承起稳定性，采空区中任一煤柱失稳均会引起其他煤柱上覆载荷重新分布，重整化群方法表明，此煤柱失稳可导致整个采空区稳定状态改变，垂直于地层与工作面做切面，建立间隔式煤柱群元胞模型，一维 Ising 模型如图 4-17 所示，一级元胞由煤柱和其两侧各一半采空区构成。

结合煤柱设计原理，煤柱上覆载荷分布，煤柱内弹、塑性区域分布及重整化群方法[202~204]，将煤柱分为 3 个基元，建立一级元胞中煤柱失稳概率模型，一维

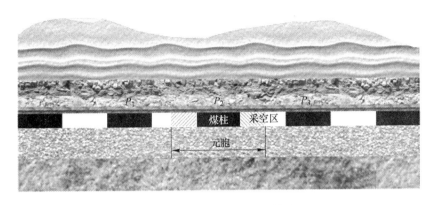

图 4-17　煤柱群一级元胞简图

重整化煤柱群上覆垂直载荷可表示为：

$$\sigma_{\mathrm{aps}} = \frac{W + w_1}{w_1}\gamma H \tag{4-26}$$

图 4-17 和式（4-26）分别描述了未垮落顶板采空区内煤柱群一级元胞与煤柱群上覆垂直载荷计算方法。但非充分垮落间隔式采空区稳定状态为伪顶、直接顶垮落，基本顶弯曲下沉，4.1 节中采用均布量化的方法描述平缓、冲沟地貌下间隔式煤柱上覆载荷（σ_{aps}），大小分别为 11.6MPa、10.77MPa。

一级间隔式煤柱元胞的稳定状态可分为 4 类，如图 4-18 所示。

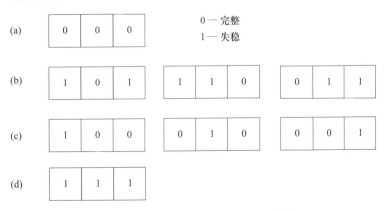

图 4-18　间隔式煤柱一级元胞稳定分类

煤柱单元失稳概率为 P_0，图 4-18（a）为完整煤柱，失稳概率为 0；图 4-18（b）为煤柱 2 个单元为塑性区，1 个为弹性区情形，其发生失稳概率为 $3P_0\left[(1 - P_0)P_{\mathrm{ab}}\right]^2$；图 4-18（c）为煤柱 1 个单元为塑性区，2 个为弹性区情形，其发生失稳概率为 $3P_0^2(1 - P_0)P_{\mathrm{ab}}$；图 4-18（d）为煤柱完全失稳，概率为 P_0^3。

一级元胞失稳破坏概率：

$$P_1 = 3P_0^2(1 - P_0)P_{ab} + 3P_0[(1 - P_0)P_{ab}]^2 + P_0^3 \tag{4-27}$$

式中，P_{ab} 为煤柱外侧单元损伤后应力向内部邻近单元的传播条件概率[205]，可表示为：$P_{ab} = \dfrac{P_b - P_a}{1 - P_a}$；$P_a$ 为煤柱外部单元处于塑性状态前其相邻内部单元处于塑性状态的概率；P_b 为煤柱外部单元处于塑性状态后其相邻内部单元处于塑性状态失稳的概率，此时煤柱承受载荷为 $\sigma_i = \sigma_{aps} + \sigma_a$；$\sigma_{aps}$ 为煤柱承载。

内局部故障或失效引起的系统失效相关问题均服从 Weibull 分布，煤柱失稳统计概率密度函数 $(PDF)f(\sigma_i)$ 可表达为 Weibull 函数分布形式：

$$P_i(\sigma_i) = \frac{m_i}{\sigma_{ps}}\left(\frac{\sigma_i}{\sigma_{ps}}\right)^{m_i-1} e^{\left[-\left(\frac{\sigma_i}{\sigma_{ps}}\right)^{m_i}\right]} \tag{4-28}$$

式中，m_i 为关于基元强度的相似性的参数；σ_i 为第 i 个元胞上覆载荷，MPa。

累计密度函数 (CDF)：

$$P(\sigma_i) = \int_{\sigma_{i0}}^{\sigma_i} p_i(\sigma_i)\,\mathrm{d}\sigma_i = 1 - \exp\left[-\left(\frac{\sigma_i}{\sigma_{ps}}\right)^{m_i}\right] \tag{4-29}$$

$$P_{ab} = \frac{P_i(\sigma_i) - P_0}{1 - P_0} = \frac{1 - (1 - P_0)^{m_i} - P_0}{1 - P_0} = 1 - (1 - P_0)^{m_i - 1} \tag{4-30}$$

可靠度函数表示为：

$$R(\sigma_i) = \exp\left[-\left(\frac{\sigma_i}{\sigma_{ps}}\right)^{m_i}\right] \tag{4-31}$$

$\sigma_i = 0$ 时，$R(\sigma_i) = \exp(0) = 1$，可靠度为 100%，失稳率为 0；$\sigma_i = \sigma_{ps}$ 时，$R(\sigma_i) = \exp(-1) = 0.368$，可靠度为 0.368，其发生失稳率为 63.2%。

$m_i = 3$ 时，一级元胞不动点方程表示为：

$$3x(1-x)^2[1 - (1-x)^2]^2 + 3x^2(1-x)[1 - (1-x)^4] + x^3 = x \tag{4-32}$$

不动点共三个：0、0.315、1。考虑不动点实际意义，忽略 0、1 两个不动点，结合可靠度分析得：一级元胞失稳概率为 31.5%，即临界指数为 0.315，$0.368 \geqslant P_0 \geqslant 0.315$ 时，一级元胞向失稳趋势演化，$P_0 \geqslant 0.368$ 时煤柱整体处于完全塑性状态。

平缓、冲沟地貌下间隔煤柱单元失稳概率 P_0 分别为 0.189、0.174，均小于临界值 0.315，因此，间隔式煤柱处于稳定状态。

4.3.3　间隔式煤柱稳定性实验

4.3.3.1　相似模拟实验

图 2-11 为间隔式开采相似模拟全貌，2^{-2}号煤层采用间隔式开采共遗留三个间隔式采空区、2 个间隔式煤柱，间隔式煤柱分别位于冲沟坡体下方（Ⅰ）与坡脚处（Ⅱ）。由图 4-19 可知，间隔式煤柱整体处于稳定状态，煤柱两侧无法直观观测到破坏范围，数值模拟中可直观地显示塑性区范围，然而物理模拟中煤柱单元塑性状态为单元体应力状态，适用强度准则确定破坏类型，无法通过观察获取。因此通过相似模拟实验得出，间隔式煤柱处于宏观稳定状态。

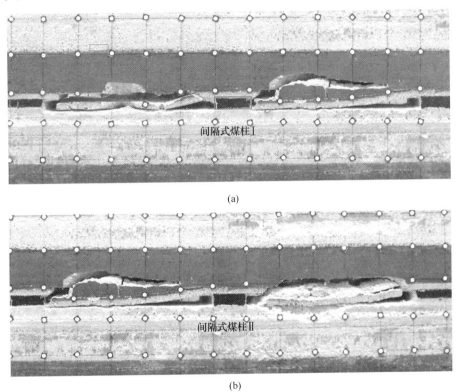

(a)

(b)

图 4-19　间隔式开采相似模拟

4.3.3.2　数值计算实验

根据 30107 工作面地质资料及覆岩岩石力学参数建立 FLAC[3D]数值模拟模型，模型岩层属性及尺寸标注如图 4-20 所示。由于模型完整地描述了 30107 工作面顶底板岩层，其中上表面至地表，模型尺寸较大，因此根据岩性不同划分模型为不同边长的四面体单元，边长最小值为 1m，最大值为 10m，既合理地描述了地质模型，又优化了计算量。模型上表面根据井上下对照图建立，较真实地描述了地表地貌，因此上表面无应力与位移约束，模型其余外表面均为外法线方向位移约束，侧压系数取值为 1.2。

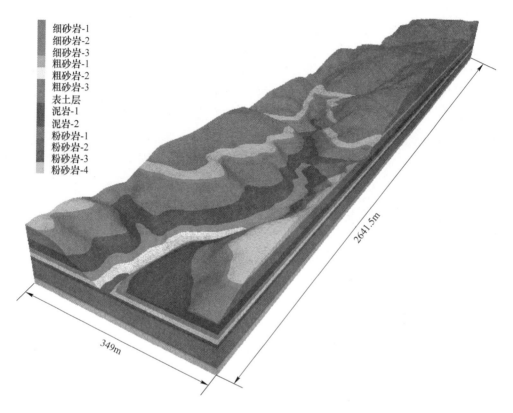

图 4-20　间隔式开采煤柱稳定性研究数值计算模型

　　开挖间隔式开采数值计算模型即可获取间隔式煤柱群塑性区分布及稳定状态。开挖后模型截割如图 4-21 所示，由图可知，30107 工作面上方共包含 3 个间隔式采空区（20111、20113、20113（1））与部分实体煤，模型上表面包含了冲沟与平缓两种不同的地貌，此模型可计算不同地貌下间隔式煤柱稳定特性。由局部放大数值计算结果中 20113 工作面部分间隔式煤柱可知，煤柱两侧为塑性区，中间为弹性区，由于部分煤柱宽度较小，整体处于塑性状态，煤柱单元塑性类型以剪切破坏为主。

　　综合本节理论计算、相似模拟、数值计算结果可知：平缓、冲沟地貌下间隔式煤柱两侧均分布凹槽形以剪切破坏为主的塑性区，中间部分为弹性区，间隔式煤柱群整体处于稳定状态。

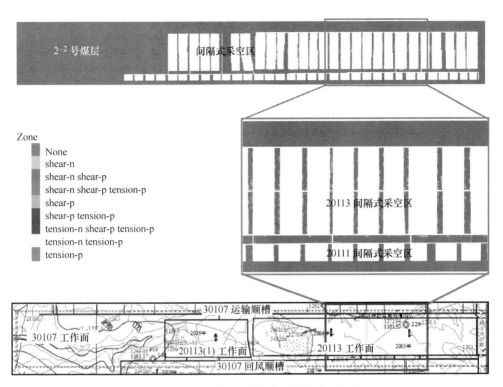

图 4-21　30107 工作面上方间隔式煤柱塑性区分布

4.4 本章小结

基于间隔式采空区顶板稳定特征及采空区破碎岩体承载特性，采用积分的方法分别确定了不同地貌下间隔式采空区中煤柱上覆载荷大小。由于遗留采空区存在隐蔽性及安全性问题，本章采用数值计算（FLAC³ᴰ）的方法并选取"伯格斯-摩尔"流变模型反演并量化了间隔式煤柱承载特性，编制了流变模型剪切模量预设与变量监测相关的 FISH 程序，获得了平缓地貌下间隔煤柱上覆承载变化曲线。

采用有限元计算程序（RS³）研究了冲沟地貌下间隔煤柱上覆岩层中垂直应力分布规律，确定了冲沟地貌间隔式煤柱模型上表面应力边界的斜率 $k = \gamma \cdot \tan\alpha$，结合 FISH 程序采用节点加载方式施加应力边界，监测了冲沟地貌下间隔式煤柱承载曲线。对比理论与数值计算结果，确定了抛物线准则是计算间隔式煤柱塑性区宽度的最佳方法。

基于间隔式煤柱上覆载荷及煤柱强度计算方法定义了煤柱单元失稳概率，结合重整化群理论将间隔式采空区中煤柱群划分为一维重整化煤柱群模型，将煤柱失稳概率密度函数（PDF）表示为威布尔函数分布形式，计算得出重整化煤柱群元胞失稳概率，利用不动点理论确定元胞失稳不动点方程及其有效解，此解作为判断煤柱失稳概率的临界值。结合南梁煤矿间隔式开采技术参数及地质资料计算了 2^{-2} 号煤层间隔式采空区中一维重整化煤柱群中元胞失稳概率，对比煤柱失稳临界值得出 2^{-2} 号煤层采空区中煤柱群无整体失稳可能性。采用相似模拟及数值计算方法验证了煤柱群稳定性理论研究结果的正确性。

5 集中载荷传播规律与下组煤顶板破断特征

数字资源 5

2^{-2} 号煤层间隔式开采完成后顶底板中应力二次分布，遗留间隔式采空区中破碎岩石及煤柱上覆载荷均承受集中载荷的作用，掌握集中载荷在底板中的传递及分布规律并确定底板中集中应力最大影响深度为下组煤安全开采奠定理论基础。以陕西南梁煤矿 2^{-2} 号煤层间隔式采空区下回采 3^{-1} 号煤层为工程背景，现场调研总结了间隔式回采工作面地表沉降情况，结合数值计算方法研究了不同地貌下工作面过采空区及煤柱时顶板破断特征，以间隔式采空区下方 30107 工作面为例验证理论并分析其矿压规律。本章内容为间隔式、房式、刀柱式采空区下煤层开采顶板控制提供理论与工程参照。

5.1 平缓地貌间隔式采空区下方载荷传播规律

间隔式采空区内集中载荷包括两部分：间隔式煤柱上覆垂直应力，采空区内部破碎岩体上覆集中载荷。研究间隔式采空区底板中二次应力分布规律需分别掌握集中载荷单独传播规律，再采用坐标转换及应力叠加的方式获得"间隔式煤柱群-采空区碎石"协同作用下底板中应力演化规律。

采用高斯函数逼近方法拟合平缓地貌间隔式煤柱上方垂直应力曲线，如图 5-1 所示。采用此拟合方法优势明显：首先，较高精度地集合了监测散点数据；其次，拟合函数为连续函数，减少了计算过程中的叠加次数。

图 5-1 中拟合了"摩尔-库仑""伯格斯-摩尔"两种不同本构下煤柱上覆载荷曲线，高斯逼近函数的基本表达式为：

$$f(x) = a_1 e^{-[(x-b_1)/c_1]^2} + a_2 e^{-[(x-b_2)/c_2]^2} + a_3 e^{-[(x-b_3)/c_3]^2} + a_4 e^{-[(x-b_4)/c_4]^2} \quad (5\text{-}1)$$

拟合曲线表达式为：

$$f_m(x) = 3.834 e^{-[(x-1.305)/0.2401]^2} + 3.434 e^{-[(x+1.2)/0.2634]^2} +$$
$$11.09 e^{-[(x+0.6583)/1.223]^2} + 9.24 e^{-[(x-0.9768)/0.9057]^2} \quad (5\text{-}2)$$

$$f_b(x) = 10.92 e^{-[(x+3.309)/1.76]^2} + 7.061 e^{-[(x-3.643)/1.391]^2} +$$
$$12.13 e^{-[(x-0.8873)/2.738]^2} + 3.034 e^{-[(x+1.218)/1.042]^2} \quad (5\text{-}3)$$

式（5-2）、式（5-3）分别为"摩尔-库仑"与"伯格斯-摩尔"模型对应的拟合曲线表达式。

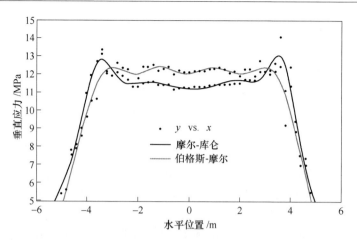

图 5-1　平缓地貌间隔式煤柱上覆载荷拟合曲线

综合平缓地貌间隔式采空区集中应力分布特征、间隔式开采方法、间隔式煤柱上覆载荷分析、弹性力学半平面体在边界上受法向集中应力作用相关理论等要素，建立力学模型（坐标系）如图 5-2 所示，分析平缓地貌间隔式采空区及煤柱下方集中应力传递规律。

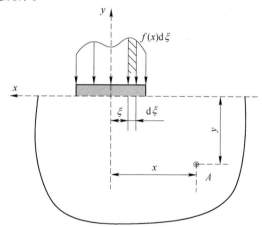

图 5-2　间隔式煤柱受法向应力作用后集中应力传播分析模型

$$\begin{cases} \sigma_x = \dfrac{2}{\pi} \displaystyle\int_{-a/2}^{a/2} \dfrac{f(x)\,y\,(x-\xi)^2}{[y^2+(x-\xi)^2]^2}\mathrm{d}\xi \\[4mm] \sigma_y = \dfrac{2}{\pi} \displaystyle\int_{-a/2}^{a/2} \dfrac{f(x)\,y^3}{[y^2+(x-\xi)^2]^2}\mathrm{d}\xi \\[4mm] \tau_{xy} = -\dfrac{2}{\pi} \displaystyle\int_{-a/2}^{a/2} \dfrac{f(x)\,y^2(x-\xi)}{[y^2+(x-\xi)^2]^2}\mathrm{d}\xi \end{cases} \quad (5\text{-}4)$$

式中，$f(x)$ 为集中载荷曲线表达式；a 为间隔式煤柱宽度，m。

研究煤柱中心线两侧 20m 及下方 50m 范围内集中应力传递规律，绘制平缓地貌下间隔式煤柱下方底板中应力分布规律，如图 5-3 所示，图 5-3（a）为单一间隔式煤柱下底板中水平应力传播规律，由应力等值线可知，水平应力传播规律近似关于 y 轴对称，由于煤柱上覆地貌及载荷分布特性，因此煤柱下方底板中集中应力传递等值线呈近似对称。随埋深增加，等值线数值由 4MPa 下降至1.5MPa，影响宽度逐渐增加。图 5-3（b）为垂直方向集中应力在底板中传递规律等值线分布图，图中垂直应力范围为 0.5～10MPa，煤柱正下方应力等值曲线呈气泡状，煤柱下方宽度 23m 范围内垂直应力集中程度较大。

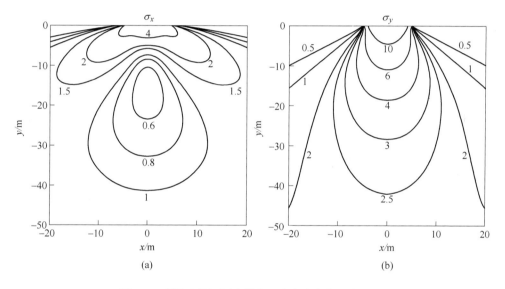

图 5-3　平缓地貌间隔式煤柱下方集中载荷分布规律

研究间隔式采空区下集中应力传播规律除煤柱上覆载荷外，间隔式采空区内破碎岩石上覆集中载荷也应参与计算，图 4-2（a）描述了间隔式采空区内碎石承载特征，采空区内仅（16，34）区间内承载，最大载荷为 0.45MPa。将采空区内载荷表达式代入式（5-4），绘制底板中应力分布等值线如图 5-4 所示。水平应力在底板中影响深度小于 10m，垂直应力影响深度约 30m。由于碎石上覆载荷呈对称形式，因此碎石下方底板中应力等值线也呈对称分布。由图 5-4（b）可知，碎石下方 5m 处二次应力分布后应力值大小为 0.3MPa，原岩应力大小为 0.1MPa，受碎石上方集中载荷影响，底板 5m 深度处垂直应力增加 0.2MPa。随深度增加碎石上覆集中载荷影响作用逐渐减小，碎石下方等值线拱高逐渐降低，深度 30m 左右时等值线近水平，即破碎岩体上覆载荷最大影响深度为 30m。

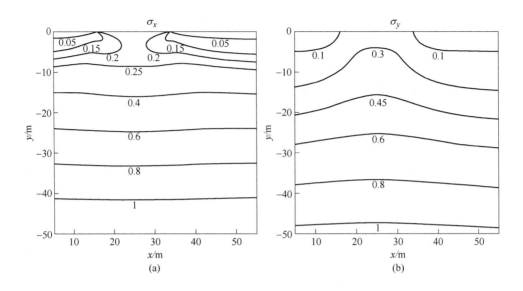

图 5-4　平缓地貌间隔式采空区下方集中载荷分布规律

　　煤柱及采空区集中应力组合作用下，底板中应力分布规律如图 5-5（a）、（b）所示，定义底板中应力集中系数（k_x、k_y）为二次应力与原岩应力大小的比值，绘制水平、垂直应力集中系数等值曲线，如图 5-5（c）、（d）所示。集中应力影响最大深度为集中系数等于 1 的等值线最低处，由集中系数等值线可知，煤柱及破碎岩体集中应力组合影响作用下，水平应力影响最大深度为 6.7m，垂直应力最大影响深度约为 36.5m。

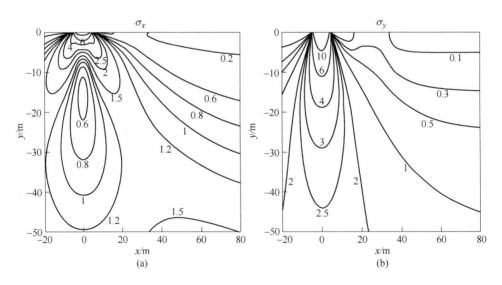

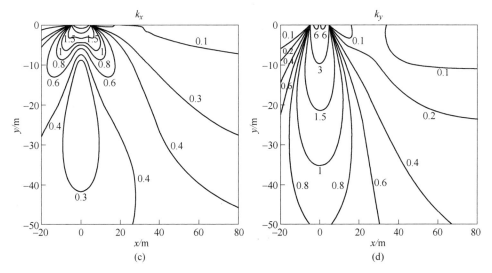

图 5-5 平缓地貌间隔式煤柱叠加采空区下方集中载荷分布规律

图 5-2 建立了单个间隔式煤柱、采空区、组合集中应力下方应力传递规律，间隔式采空区中间隔式煤柱、采空区以多个相互组合的形式遗留，由于地貌参数特征，采煤工艺参数的影响，选取 3 个间隔式煤柱组合，研究组合间隔式工作面下方底板中集中应力传递规律。

为研究单一集中应力源过渡到间隔式工作面内组合应力集中源传播规律，首先应更换坐标系，坐标系转换规则如下：

$$\begin{cases} x' = -x - (n-1)(a+b) \\ y' = y \end{cases} \tag{5-5}$$

联立式（5-4）、式（5-5），得组合间隔式采空区集中载荷下方底板中应力分布规律表达式：

$$\begin{cases} \sigma_x = \sum_{n=1}^{3} \left\{ -\frac{qy'}{\pi} \left[\frac{1}{y'} \arctan\frac{\xi - x'}{y'} + \frac{-\xi + x'}{(\xi - x')^2 + y'^2} \right] \right\}_{-a/2}^{a/2} \\ \sigma_y = \sum_{n=1}^{3} \left\{ -\frac{q}{\pi} \left[\arctan\frac{\xi - x'}{y'} + \frac{(\xi - x')y'}{(\xi - x')^2 + y'^2} \right] \right\}_{-a/2}^{a/2} \\ \tau_{xy} = \sum_{n=1}^{3} \left\{ -\frac{qy'^2}{\pi\left[(\xi - x')^2 + y'^2\right]} \right\}_{-a/2}^{a/2} \end{cases} \tag{5-6}$$

求解式（5-6）定积分值，绘制底板中二次应力、应力集中系数等值线，如图 5-6 所示。

组合集中应力源下应力分布直观地描述了间隔式采空区下方底板（下组煤顶板）中应力分布规律。图 5-6（a）为水平应力在下组煤顶板中应力分布等值线图。煤柱下水平应力分布分两部分描述：煤柱下方 8m 深度范围内煤柱正下水平应力大于煤柱两侧，随深度增加应力大小递减；煤柱下方 8~43m 范围内水平应力呈椭圆形分布，随深度增加应力大小先快速递减后缓慢递增。由于采空区碎石承载较小，采空区下方水平应力分布以煤柱上覆集中载荷影响为主，采空区碎石下方仅一条大小为 0.5MPa 的等值线，下方等值线均为煤柱集中载荷与原岩应力叠加的结果。

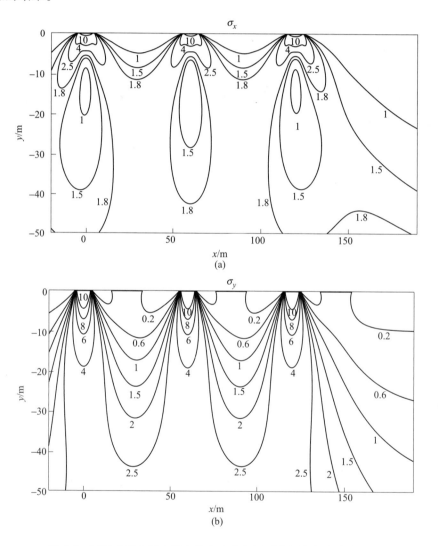

图 5-6　间隔式采空区中组合集中应力作用下底板中应力分布规律

（a）水平应力；（b）垂直应力

下组煤顶板中垂直应力分布如图 5-6（b）所示，由等值线可知，煤柱下方应力值大于采空区下方，采空区中集中应力影响远小于煤柱的影响，采空区下方约10m范围内垂直应力受碎石上覆载荷扰动，但扰动影响较小，应力值变化小于0.45MPa，随深度增加采空区下垂直应力大小逐渐增加。煤柱下方应力等值线数值大小随深度增加而降低，降低速率随深度增加而减小。集中应力影响深度需通过集中系数$k=1$等值线分布特征而确定。

应力集中系数等值线用于判断下组煤层顶板中应力集中、释放区域范围，如图5-7所示，分别绘制了水平、垂直应力集中系数等值线分布图。以$k=1$为边界条件，其上方为应力集中区域，下部为应力释放区域，图中考虑下组煤50m厚度

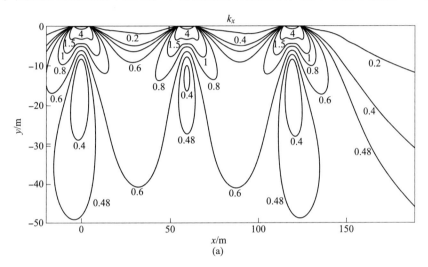

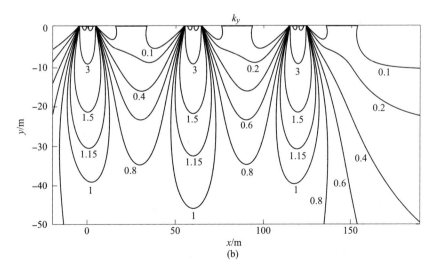

图5-7 间隔式采空区中组合集中应力作用下底板中应力集中系数分布规律

（a）水平应力集中系数；（b）垂直应力集中系数

范围内顶板中应力分布特征。由图5-7可知，水平应力影响最大深度为8.3m，垂直应力最大影响深度约46m。

5.2 冲沟地貌间隔式采空区下方载荷传递规律

采用高斯函数拟合冲沟地貌下间隔式煤柱上覆载荷曲线，如图5-8所示，散点拟合公式描述为式（5-7）。冲沟地貌下间隔煤柱上覆载荷分布形式及曲线形状与平缓地貌下相似，冲沟下载荷峰值略小，影响峰值大小的因素众多，本节以南梁煤矿地质概况为基础，坡体倾角取值为30°。

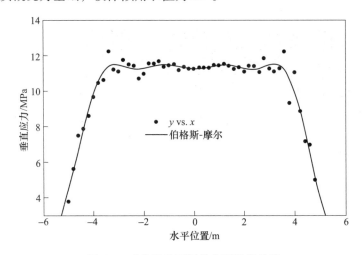

图5-8 冲沟地貌下煤柱上覆承载曲线

$$f(x) = 7.891e^{-[(x+1.267)/0.4921]^2} + 6.421e^{-[(x-1.355)/0.4337]^2} +$$
$$10.34e^{-[(x-0.6029)/0.7829]^2} + 9.298e^{-[(x+0.4953)/0.6901]^2} \qquad (5-7)$$

图5-8及式（5-7）描述了冲沟地貌间隔式煤柱上覆集中应力分布特征，图4-2（b）描述了间隔式采空区内破碎岩体上覆集中应力分布特征，采用式（5-4）、式（5-6）分别绘制两部分集中应力作用下下组煤层顶板中应力分布特征，为避免重复，下述以描述冲沟地貌下间隔式采空区下应力集中系数为主。

分别就集中应力源研究下组煤顶板中应力集中系数分布规律。图5-9描述了采空区中破碎岩体上覆集中应力作用下底板中水平、垂直应力集中系数分布规律，采空区下方均为应力释放区域，随深度增加，应力集中系数增加；随碎石上覆集中应力影响变弱，应力集中系数逐渐演变为直线。

煤柱上覆集中载荷在底板中应力等值线分布如图5-10所示，由于集中载荷拟合公式为偶函数，因此应力等值线分布关于y轴对称，煤柱下方水平、垂直应力最大影响深度分布为6.3m、32.4m。

冲沟地貌下，间隔式采空区碎石与煤柱上覆集中应力组合作用下，底板中应

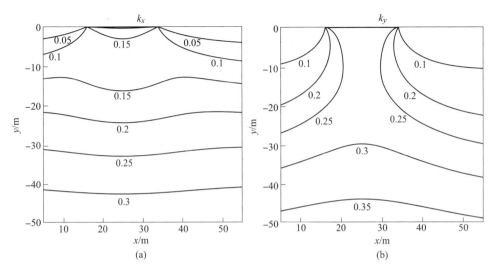

图 5-9　冲沟地貌间隔式采空区内破碎岩体下方应力集中系数分布规律

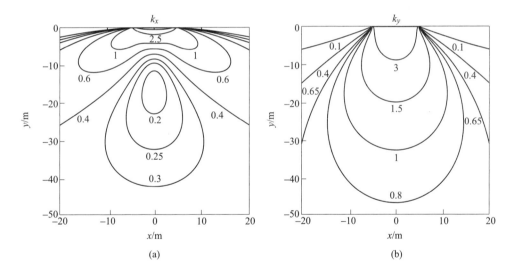

图 5-10　冲沟地貌间隔式采空区内煤柱下方应力集中系数分布规律

力集中等值线分布如图 5-11 所示，采空区中破碎岩体上覆集中载荷最大值为 1.01MPa，集中应力组合作用下水平、垂直应力最大影响深度分别为 6.5m、34.6m。单个煤柱+碎石集中载荷作用应力影响深度大于煤柱、碎石分别作用，但上组煤间隔式采空区中集中应力源以多组煤柱叠加碎石的形式作用于下组煤顶板中。

　　为研究冲沟地貌下间隔式采空区内集中应力传播规律，结合式（5-6）绘制

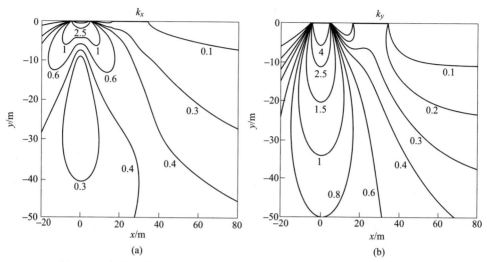

图 5-11　冲沟地貌间隔式采空区内碎石+煤柱下方应力集中系数分布规律

间隔式采空区下底板中应力集中系数等值线分布，如图 5-12 所示。间隔式采空区下水平、垂直应力最大影响深度分别为 7.5m、44.7m。集中载荷组合作用下煤柱下方为应力集中区域，采空区下方为应力释放区域。

30107 工作面内 N10 钻孔柱状图显示，2^{-2} 号煤层与 3^{-1} 号煤层层间距为 36.8m。由上述理论计算可知，平缓、冲沟地貌下水平应力影响最大深度为 8.3m、7.5m，垂直应力影响最大深度为 46m、44.7m。对比应力最大影响深度与层间距，水平应力最大影响深度小于层间距，垂直应力最大影响深度大于层间距，因此，下组煤顶板中应力分布受采动影响以垂直应力为主，其中煤柱下方为应力集中区，采空区下为应力释放区，而水平应力影响深度范围较小，对 3^{-1} 号煤层开采影响略小。

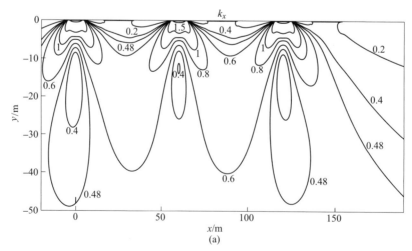

(a)

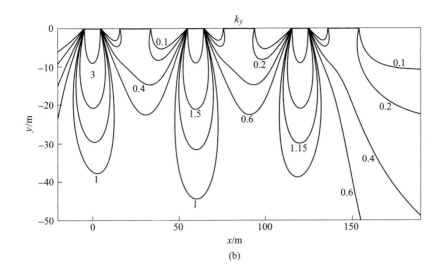

图 5-12 冲沟地貌间隔式采空区内组合集中应力下方应力集中系数分布规律

5.3 下组煤顶板破断特征实验

5.3.1 相似模拟

间隔式煤柱及采空区稳定状态研究中采用了相似实验的方法,实验模型如图 2-14 所示,基于 2.3 节中 2^{-2} 号煤层模型开挖结果继续开采下组煤层进而研究其覆岩破断规律。相似模型中 3^{-1} 号煤层开采过程中覆岩破断特征及煤柱破坏形式如图 5-13 所示。

3^{-1} 号煤层自右向左推进,开切眼位置与上组煤层采空区边界对齐,工作面推进 58m 处基本顶岩层发生初次破断,初次来压位置位于出煤柱阶段,逐步向前推进发生四次周期来压,平均周期来压步距为 13m。下组煤工作面通过间隔式煤柱后煤柱破坏形态如图 5-13 所示,背沟开采过煤柱后,煤柱内部发生严重离层,煤柱破坏形式为拉破坏;向沟开采间隔式煤柱,煤柱对角发生错动破裂,破裂面方向和冲沟坡面方向相反。

将模型中 3^{-1} 号煤层逐步推进,采用标识点位移测量系统监测 3^{-1} 号煤层基本顶中部垂直位移曲线如图 5-14 所示。图中基本顶位移变化曲线在横坐标右侧近似于平行,由此可得,3^{-1} 号煤层基本顶破断形式为切顶断裂,周期来压步距平均为 12.64m。由于相似模型比例及实验器材等因素的影响,无法准确地研究工作面支架阻力变化,且无法研究不同地貌、煤柱、采空区等组合因素对下组煤顶板运移特征的影响,因此,下节采用数值计算的方法进行深入研究。

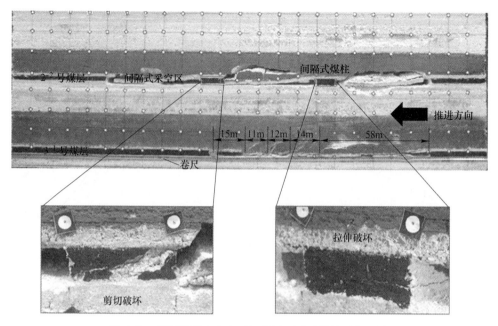

图 5-13　相似模拟实验中下组煤层开采及煤柱破坏形式

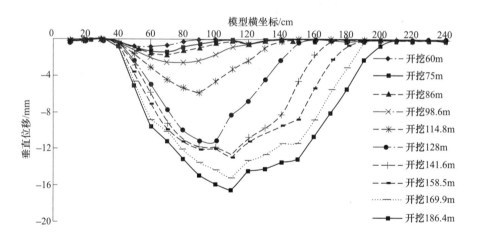

图 5-14　3^{-1} 号煤层基本顶垂直位移变化曲线

5.3.2　数值计算

研究顶板岩层破断规律首选离散元，可以形象地描述顶板破断特征；其次为研究下组煤工作面通过不同地貌及上组煤层采空区、煤柱下支架阻力的变化。因此，选用二维离散元程序 UDEC，软件中"Support"结构单元适用于模拟工作面液压支架。

结合 30107 工作面运输顺槽前半段剖面图，建立了二维离散元数值模拟模型，如图 5-15 所示。模型长度为 1174m，由于模型上表面为起伏变化的冲沟地貌，高度变化范围较大，模型左侧高 76.5m，右侧高 157.6m，模型左、右、下表面均采用法向方向位移约束，上表面为地表，应力、位移边界均自由，模型中所有块体本构模型为弹性体，节理本构采用库仑滑移模型，侧压系数取 1.2。模型中含有两层煤（2^{-2}号、3^{-1}号），首先按照顺槽截面内间隔式采空区分布规律一次开挖 2^{-2}号煤层间隔式回采部分，然后自左向右依次开挖 3^{-1}号煤层。

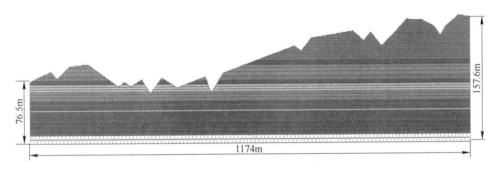

图 5-15　二维离散元数值模拟模型

2^{-2}号煤层间隔式工作面开挖完成后顶板垮落状态如图 5-16 所示。模型中右侧共 6 个间隔式采空区，间隔式采空区分别分布在平缓地貌（倾角 2°~4°）、冲沟地貌（坡角 20°~30°）的向沟、背沟下方。由顶板垮落状态可知，间隔式采空区伪顶、直接顶垮落，基本顶弯曲下沉。①、②号间隔式采空区位于平缓地貌下，②号埋深略大，其上方基本顶中部弯曲范围与下沉量偏大；③、④、⑥号间隔式采空区均位于冲沟坡体下，③、⑥号位于向沟坡体下方，④号位于背沟下，向沟下间隔式采空区上方基本顶位移量大于背沟下。

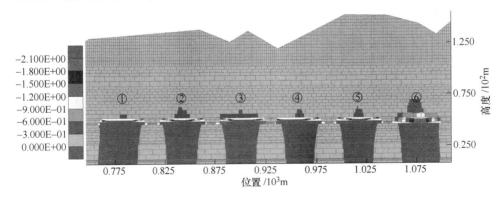

图 5-16　间隔式采空区顶板垮落状态及垂直位移云图

根据 2^{-2} 号煤层回采现状,将下组煤回采归纳为两种情况分别进行研究:(1) 2^{-2} 号实体煤下方 3^{-1} 号煤层开采;(2) 间隔式工作面下方 3^{-1} 号煤层开采。

2^{-2} 号实体煤下方 3^{-1} 号煤层开采覆岩垂直方向位移云图及破断规律如图 5-17 所示,3^{-1} 号煤层自左向右开挖,模型左侧留设 22.2m 宽边界煤柱。图 5-17 (a) 为模型开挖至 83.8m 处,基本顶发生断裂且基本顶分层切断式垮落,因此,模型中 30107 工作面初次来压步距为 61.6m。图 5-17 (b) 为模型推进至 105.8m 覆岩垮落特征,忽略模型块体节理划分的影响,由垂直位移云图可知,采空区上覆岩层垂直方向位移等值线呈竖向分布,即采空区上覆岩层整体呈切断式垮落,采空区两侧由于基本顶悬臂梁结构存在使得位移量偏小,随工作面推进,后方垮落岩块逐步被压实。工作面推进至 116.8m 处,3^{-1} 号煤层顶板稳定状态如图 5-17 (c) 所示,支架后方采空区中部基本顶下沉量约等于采高,垂直位移等值线向工作面前方平移,后方采空区顶板垂直位移约等于采高逐渐扩大的范围,顶板破断特征如图 5-17 (d) 所示。图 5-17 中模型 30107 工作面共推进 116.6m,除初次来压外还包含三次周期来压,周期来压步距分别为 22.2m、11.1m、22.2m,周期来压步距大小除受模型中 3^{-1} 号煤层推进速度(模型中开挖步距为 5.5m)的影响外,与地貌形态密切相关,背沟开采过程中,埋深浅处周期来压步距小于埋深较大处,较大埋深平缓地貌下顶板破断规律与埋深较浅冲沟坡体下相似。

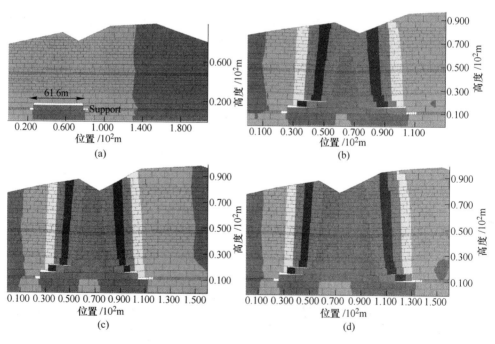

图 5-17　2^{-2} 号实体煤下方煤层开采顶板破断规律

(a) 83.8m;(b) 105.8m;(c) 116.8m;(d) 138.8m

为研究 3^{-1} 号煤层在 2^{-2} 号实体煤下方开采过程中支架支承压力变化规律,计算过程中程序内置监测部分记录了模型中支架单元法向承载变化特征,如图 5-18 所示。模型中支架阻力采用表的形式定义,控顶距为 5m,支柱个数设置 5,3^{-1} 号煤层开挖步距为 5.5m,支架支承压力数据点横坐标间距与开挖步距相等。初始开挖位置 39.8m 处至 100.3m 处支架压力逐渐增加,随推进距离增加,支架阻力曲线起伏周期变化;116.8~155.3m 区段地表起伏平缓,顶板周期来压步距大于相邻冲沟地貌下;155.3~193.8m 区段为向沟阶段,支架阻力最大、最小值均呈现下降趋势,因此,工作面向沟开采阶段,随着工作面推进距离增加,支架工作阻力逐渐降低。

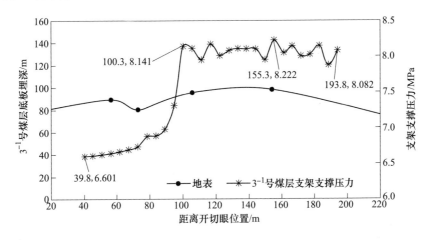

图 5-18 支架支承压力变化曲线

2^{-2} 号煤层顶板垂直方向位移变化曲线如图 5-19 所示,对比不同开采阶段位移量曲线及地表起伏变化,研究不同地貌下重复采动作用下覆岩运移规律。由于模型尺寸较大,计算负担重,因此在模型计算初始阶段,为节省内存、减小计算量并未设置测线,计算完成后,调用 FISH 程序获取目标处节点群位移量。2^{-2} 号间隔式开采完成后直接顶、基本顶(650~1175m 段)变化曲线如图 5-19 所示,直接顶完全垮落,最大下沉量等于 2^{-2} 号煤层采高(2.2m),基本顶位移变化曲线呈下凹型周期变化,煤柱上方基本顶位移变化平缓,大小约 0.08m,采空区上方基本顶弯曲下沉,最大下沉量约为 0.305m。由下组煤层开采后 2^{-2} 号煤层基本顶垂直位移变化曲线可知,实体煤下方回采后顶板切顶式垮落,顶板下沉量约为 2.2m,间隔式采空区下回采后基本顶下沉量较大,最大下沉量约 3.88m。间隔式采空区初始稳定状态与重复采动后基本顶稳定状态联系密切,间隔式采空区上覆基本顶变形量小则重复采动后基本顶下沉量大,间隔式采空区上方基本顶损伤范围及变形量较大时重复采动后基本顶下沉量偏小。

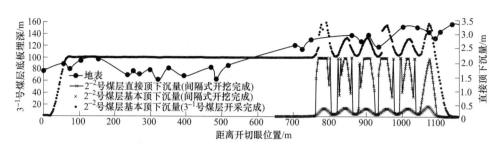

图 5-19　2^{-2} 号煤层顶板位移量变化曲线

间隔式采空区下应力集中与降低区域内回采过程中顶板破断特征是间隔式采空区下安全开采的主要研究内容之一。采用数值计算分步开挖的方法研究间隔式采空区下煤层回采完成后岩层垂直方向位移云图，如图 5-20 所示。模型中 2^{-2} 号煤层 700~1110m 段为间隔式回采区域，下组煤回采后间隔式采空区内顶板完全垮落，煤柱完全失稳。忽略模型中煤柱部分网格划分的影响，煤柱上方位移云图左侧为近似于竖直分界线，右侧近似于开口向上的抛物线，由此可知下组煤工作面过间隔式采空区时 2^{-2} 号煤层与 3^{-1} 号煤层间岩层充分垮落，间隔式煤柱与采空区在超前压力及地貌特征影响下发生变形、失稳，工作面后方间隔式采空区上覆岩层逐步失稳，间隔式采空区上覆岩层下沉、稳定均滞后于综采工作面直接顶和基本顶。导致此现象的主要原因为 30107 工作面覆岩中主关键层位于 2^{-2} 号煤层间隔式采空区上方。

以图 5-20 中（b）~（e）所示冲沟底部 3^{-1} 号煤层工作面进、出间隔式煤柱时顶板位移变化规律为例，研究综采工作面位置与顶板破断特征之间的关系。工作面推进至 925.5m 位置处于出采空区进煤柱阶段，工作面后方至间隔式采空区另一边界处顶板均处于弯曲下沉状态，工作面推进至 930.8m 处，采空区下方悬臂岩层位移呈竖向分段，接近工作面位置位移量逐渐减小，采空区边缘处上覆岩层与下方底板垂直位移近似一致，即采空区上、下岩层位移量相似，下组煤顶板充分垮落。工作面推进至 936.3m 处，工作面处于煤柱正下方，前方间隔式采空区靠近工作面处在超前支承压力作用下顶板垂直方向位移量增加，后方采空区逐步压实。工作面推进至 941.8m 处，工作面处于出煤柱阶段，工作面后方煤柱同顶、底板位移量大小一致，其中靠近工作面侧煤柱位移量偏小，因此煤柱发生剪切破坏且破裂面接近竖直方向，工作面前方间隔式采空区顶板位移量随工作面推进而增加，工作面出煤柱阶段存在煤柱强度突变失稳并伴随间隔式采空区及煤柱上方顶板破断动载致灾的危险。

为研究间隔式采空区下煤层开采过程中支架支承压力变化特征，采用上文中提取支架阻力绘制阻力变化曲线，如图 5-21 所示。图 5-21（a）描述了支架阻力

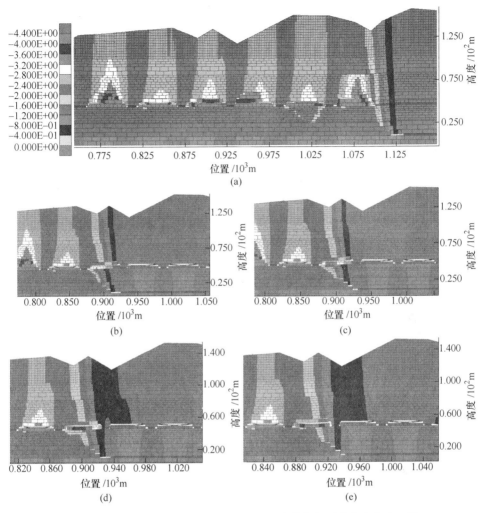

图 5-20　间隔式采空区下煤层开采顶板破断特征与垂直方向位移云图
（a）间隔式采空区下开采顶板运动特征；（b）925.3m；（c）930.8m；
（d）936.3m；（e）941.8m

变化与采空区分布、地表起伏特征之间的关系，支架支承压力变化曲线波动较大
且波动规律呈周期性，对比间隔式采空区及煤柱位置可知，间隔式采空区下支架
阻力呈拱形分布且较煤柱下偏大。而由 5.1 节理论研究可知，煤柱下方为应力集
中区域，采空区下为应力降低区，从静力分析角度考虑，两个结论之间具有矛盾
性。考虑本书间隔式采空区稳定状态及地质条件的特殊性，下组煤工作面过间隔
式采空区时顶板垮落为切顶式垮落，且间隔式采空区内空隙为上覆岩层垮落过程
中产生冲击载荷提供了有利条件，因此，间隔式采空区下方回采过程中支架阻力

偏大，随周期来压的影响，阻力曲线关于采空区中部近似对称。图 5-21（b）为下组煤工作面过煤柱下方时支架支撑压力变化曲线，由曲线走势可得，工作面推进过程中压力逐渐增加，出煤柱阶段压力较大，出煤柱阶段同样存在煤柱、顶板失稳动载的影响。

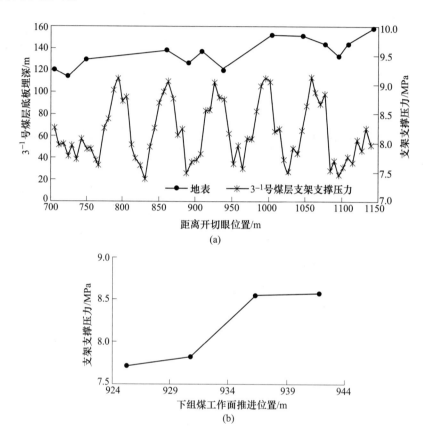

图 5-21　间隔式采空区下煤层开采支架阻力变化曲线

对比间隔式采空区和实体煤下方工作面支架支承压力变化规律，即可量化间隔式采空区及煤柱下方顶板来压强度，如图 5-22 所示，实体煤下方工作面 39.8~237.8m 段支架工作阻力变化曲线，初次来压期间支架阻力逐渐增加，周期来压期间压力峰值为 6.2MPa，周期来压期间平均压力值为 6.05MPa；如图 5-21（a）所示，间隔式采空区和煤柱下方来压期间支架支承压力平均值分别为 8.69MPa、7.65MPa，分别为实体煤下方支承压力的 1.436 倍、1.264 倍。

由上述分析可知，下组煤工作面通过间隔式煤柱及间隔式采空区下方过程中，易发生煤柱突变失稳、双层顶板联动破断，形成冲击载荷致灾。

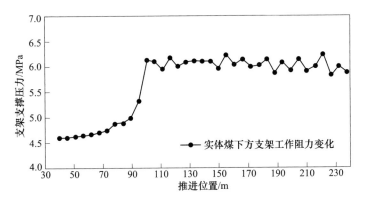

图 5-22　2^{-2}号实体煤下方工作面支架工作阻力变化曲线

5.4　本章小结

　　基于不同地貌间隔式煤柱蠕变模型数值计算结果，采用高斯函数逼近的方式拟合了煤柱上覆集中载荷分布规律，结合采空区内碎石承载特征计算公式，利用弹性力学中集中载荷作用下半无限平面理论与坐标系平移方法，计算了间隔式采空区下方底板中各应力分量大小及分布规律，引用应力集中系数的描述方法揭示并绘制了组合采空区下方底板中应力集中、降低区域分布规律。对比应力集中最大影响深度及南梁地质条件可得：水平应力最大影响深度小于层间距，垂直应力最大影响深度大于层间距，因此，下组煤顶板中应力分布受间隔式采动影响以垂直应力为主，其中煤柱下方为应力集中区，采空区下为应力释放区，而水平应力影响深度范围较小，对3^{-1}号煤层开采影响略小。

　　分别采用相似模拟、二维离散元数值计算的方法，研究了不同地貌下间隔式采空区下方重复采动过程中煤柱、上覆岩层破断特征及支架支承压力的变化规律。相似模拟结果表明：背沟开采过煤柱后，煤柱中部发生严重离层，煤柱破坏形式为拉破坏；向沟开采过间隔式煤柱，煤柱两对角之间产生错动破裂，破裂面方向和冲沟坡面方向相反；3^{-1}号煤层基本顶破断形式为切顶断裂，周期来压步距平均为 12.64m。数值计算结果表明：下组煤采空区上覆岩层垂直方向位移等值线呈竖向分布，即采空区上覆岩层整体呈切断式垮落，其中向沟开采阶段随工作面推进距离增加，支架工作阻力逐渐降低；间隔式采空区下开采支架支承压力曲线呈拱形分布且大小较煤柱下偏大约 2MPa，下组煤工作面通过间隔式煤柱及间隔式采空区下方过程中，存在煤柱突变失稳、覆岩破断产生冲击载荷致灾的危险。

6 采空区下煤层开采覆岩运动规律及控制技术

数字资源 6

6.1 30107 工作面地质概况

南梁煤矿 30107 工作面位于二水平 301 盘区，工作面地表标高范围为 1149～1312m，底板标高范围为 1106～1126m。工作面地表位于井田中西部，木瓜山（西）东部，满翁沟回风斜井西南部，红草沟西北部。30107 工作面开切眼上方是 2^{-2} 号煤 7 号治理区，工作面位于 3^{-1} 号煤中央辅运大巷西侧，四周为 3^{-1} 号煤层未采区，上覆 2^{-2} 号煤层 20111、20113 及 20201 采空区，工作面走向长度 2635m，倾向长度 300m。

30107 工作面井上下对照及上覆遗留间隔式采空区、煤柱分布如图 6-1 所示，对比图 6-2 中运输顺槽及开切眼剖面图可知：30107 工作面初采走向 0～937m 范围时，地表对应为东木瓜山沟，沟底位于工作面中部，沟谷东低西高，该处 3^{-1} 号煤埋深仅 39m，随推进距离增加上覆岩层逐渐加厚。

对比依据井上下对照图建立的数值计算模型（图 4-19）、30107 上方间隔式采空区、煤柱分布（图 6-1（b））及 30107 工作面运输顺槽剖面图（图 6-2（a）、（b））可知，30107 工作面作为矿压规律研究对象，具有极高的代表性。工作面上覆存在冲沟、平缓两种不同地貌，且工作面上方 2^{-2} 号煤层部分地区为未采区域，部分处于间隔式采空区及煤柱下方，因此，可以通过 30107 工作面矿压数据监测、研究得出不同地貌形态、上组煤回采状态下近距离煤层开采覆岩运移规律。

6.2 实体煤下方工作面矿压规律

30107 工作面矿压观测站布置如图 6-3 所示，沿工作面开切眼方向布置 3 个测站，1 号测站和 3 号测站布置在距离工作面运输顺槽和回风顺槽 25m 左右处，2 号测站位于工作面的中部。在工作面运输、回风顺槽内各布置 2 个超前支护压力测站 A_1、A_2 和 B_1、B_2，第一个测站距离工作面煤壁距离为 10m，相邻测站间距为 10m。同时，在运输、回风顺槽内分别布置 2 个巷道顶板下沉量测站 A_3、A_4 和 B_3、B_4，第一个测站距离工作面煤壁距离 30m，相邻测站间距 30m。顺槽内各测站随工作推进不断循环布置，保证各测站的数量不变，直到观测工作结束。工作面支架初撑力、工作阻力监测可以压力传感器或主机显示监测为准。

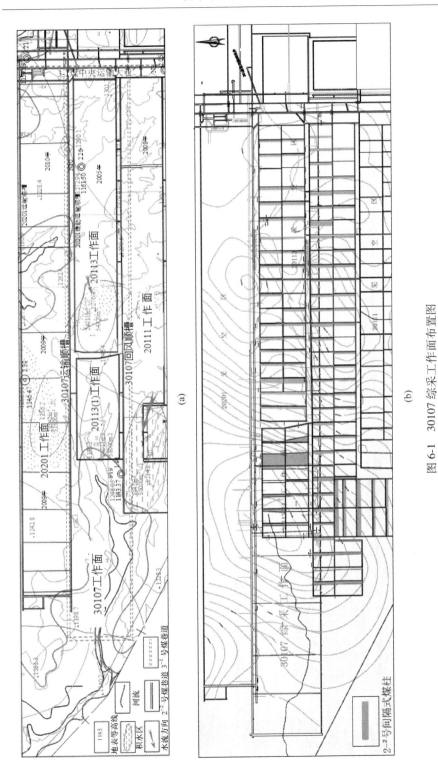

图 6-1 30107 综采工作面布置图

（a）30107 工作面井上下对照图；（b）30107 工作面上覆遗留间隔式采空区、煤柱分布图

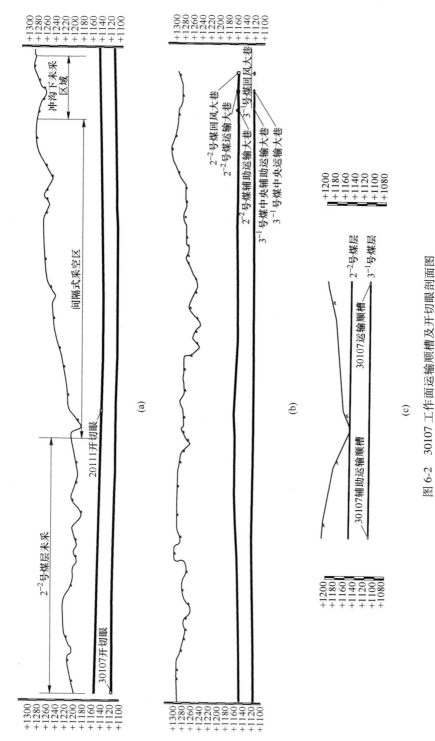

图 6-2　30107 工作面运输顺槽及开切眼剖面图

(a) 运输顺槽前半段剖面；(b) 运输顺槽后半段剖面；(c) 30107 开切眼剖面图

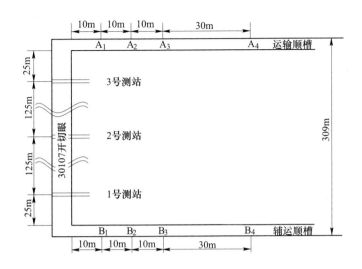

图 6-3 30107 工作面矿压观测站布置示意图

30107 工作面矿压数据分析按时间划分共分为两部分：第一部分为 6 月 13 日到 9 月 1 日，总推进距离为 493.6m，起始位置为 445.5m 处，由于井下主机故障，5 月 15 日至 6 月 13 日数据丢失，因此无法获取开采初期支架工作阻力数据、初次来压强度与初次来压步距，但在此期间工作面上方无间隔式采空区且工作面埋深浅，对应地表地貌为起伏角度不断变化的冲沟；第二部分为 9 月 1 日至 12 月 20 日，此区间工作面推进长度为 933m，推进长度范围上方 2^{-2} 号煤层为间隔式采空区且埋深较第一部分大，对应地表包含平缓、冲沟两种地貌形式。

选取支架前柱区间时间段内压力平均值与其均方差之和作为基本顶来压判据，绘制支架阻力变化曲线。

30107 工作面 6 月 13 日至 9 月 1 日 1 号测站支架阻力变化曲线如图 6-4 所示。统计 1 号测站 5 组支架数据可知，周期来压步距平均为 12.09m，来压、非来压期间支架平均工作阻力大小分别为 42.26MPa、30.04MPa，周期来压动载系数平均值为 1.41。分别选取 50 号、52 号支架分析其前柱压力变化特征。50 号、52 号支架周期来压步距分别为 12.42m、12.51m，来压期间工作阻力平均值分别为 43.28MPa、43.37MPa，非来压期间支架工作阻力平均值分别为 30.79MPa、30.93MPa，周期来压期间动载系数分别为 1.41、1.40。

30107 工作面 6 月 13 日至 9 月 1 日 2 号测站支架阻力变化曲线如图 6-5 所示。统计 2 号测站 5 组支架数据可知，周期来压步距平均为 13.92m，来压、非来压期间支架平均工作阻力大小分别为 43.904MPa、30.888MPa，周期来压动载系数

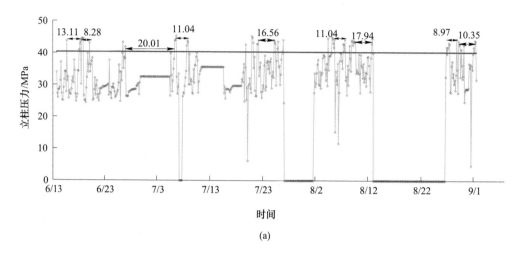

(a)

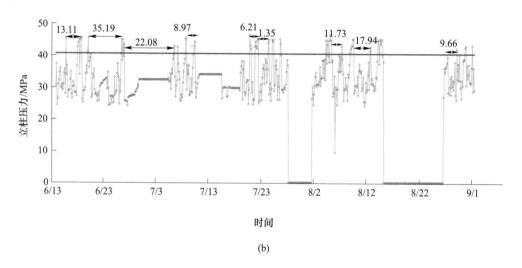

(b)

图 6-4　30107 工作面 6 月 13 日至 9 月 1 日 1 号测站支架阻力变化曲线

平均值为 1.42。分别选取 77 号、78 号支架分析其前柱压力变化特征。77 号、78 号支架周期来压步距分别为 14.18m、15.85m，来压期间工作阻力平均值分别为 42.71MPa、43.91MPa，非来压期间支架工作阻力平均值分别为 31.02MPa、30.44MPa，周期来压期间动载系数分别为 1.38、1.44。

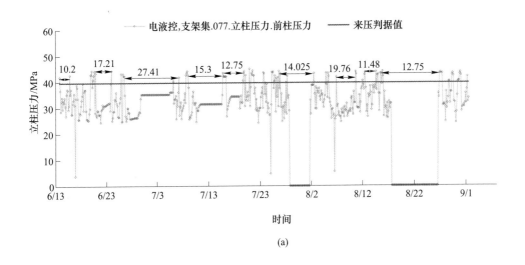

(a)

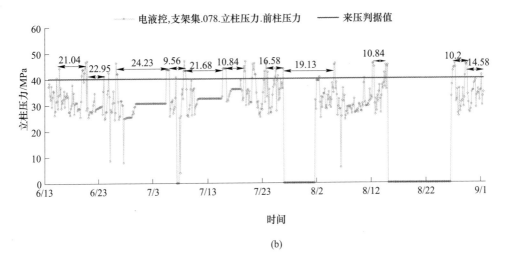

(b)

图6-5 30107工作面6月13日至9月1日2号测站支架阻力变化曲线

30107工作面6月13日至9月1日3号测站支架阻力变化曲线如图6-6所示。统计3号测站5组支架数据可知周期来压步距平均为14.70m，来压、非来压期间支架平均工作阻力大小分别为42.732MPa、31.682MPa，周期来压动载系数平均值为1.35。分别选取132号、139号支架分析其前柱压力变化特征。132号、139号支架周期来压步距分别为15.38m、14.93m，来压期间工作阻力平均值分别为44.03MPa、42.14MPa，非来压期间支架工作阻力平均值分别为30.95MPa、32.17MPa，周期来压期间动载系数分别为1.42、1.32。

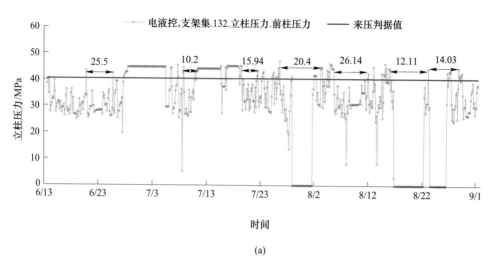

(a)

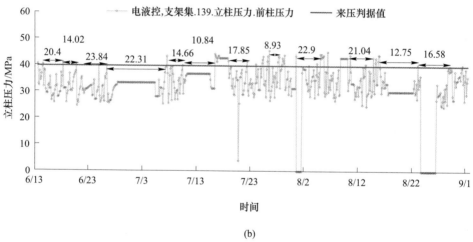

(b)

图6-6　30107工作面6月13日至9月1日3号测站支架阻力变化曲线

6.3　间隔式采空区下方工作面矿压规律

由30107工作面布置图（图6-1（b））可知，间隔式采空区遍布于工作面后3/4段，以现场回采至间隔式采空区边界下方时间（9月1日）为起点，研究工作面推进933m过程中支架阻力变化规律。每个测站内分别选取5组支架，绘制其阻力变化曲线，并统计顶板活动规律。

30107工作面9月1日至12月20日1号测站支架阻力变化曲线如图6-7所示。统计1号测站5组支架数据可知，周期来压步距平均为11.02m，来压、非来压期间支架平均工作阻力大小分别为41.94MPa、28.772MPa，周期来压动载系数平均值为 1.46。分别选取 37 号、61 号支架分析其前柱压力变化特征。37
号、61 号支架周期来压步距分别为 10.56m、9.14m，来压期间工作阻力平均值
分别为 42.05MPa、44.69MPa，非来压期间支架工作阻力平均值分别为 28.88MPa、
28.48MPa，周期来压期间动载系数分别为 1.46、1.57。

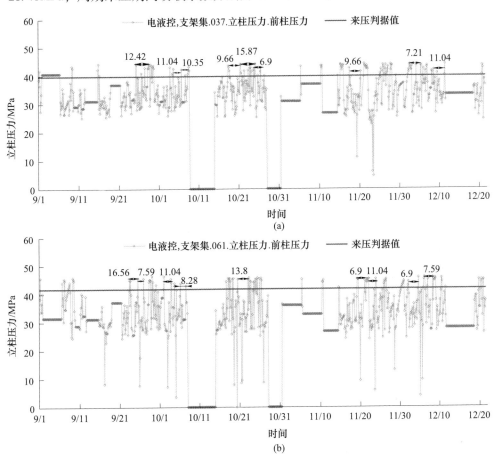

图 6-7　30107 工作面 9 月 1 日至 12 月 20 日 1 号测站支架阻力变化曲线

30107 工作面 9 月 1 日至 12 月 20 日 2 号测站支架阻力变化曲线如图 6-8 所
示。统计 2 号测站 5 组支架数据可知，周期来压步距平均为 14.38m，来压、非
来压期间支架平均工作阻力大小分别为 41.94MPa、30.008MPa，周期来压动载
系数平均值为 1.43。分别选取 89 号、94 号支架分析其前柱压力变化特征。89
号、94 号支架周期来压步距分别为 13.73m、12.43m，来压期间工作阻力平均值
分别为 41.95MPa、42.74MPa，非来压期间支架工作阻力平均值分别为 25.30MPa、
29.99MPa，周期来压期间动载系数分别为 1.66、1.43。

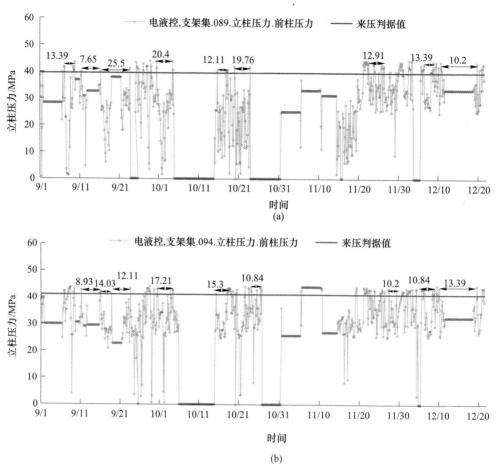

图 6-8 30107 工作面 9 月 1 日至 12 月 20 日 2 号测站支架阻力变化曲线

30107 工作面 9 月 1 日至 12 月 20 日 3 号测站支架阻力变化曲线如图 6-9 所示。统计 3 号测站 5 组支架数据可知，周期来压步距平均为 14.54m，来压、非来压期间支架平均工作阻力大小分别为 42.814MPa、30.588MPa，周期来压动载系数平均值为 1.40。分别选取 117 号、119 号支架分析其前柱压力变化特征。89号、94 号支架周期来压步距分别为 12.67m、13.15m，来压期间工作阻力平均值分别为 42.72MPa、43.93MPa，非来压期间支架工作阻力平均值分别为 31.67MPa、30.80MPa，周期来压期间动载系数分别为 1.35、1.43。

实体煤下方开采时总结工作面现场矿压特征如下：30107 综采工作面直接顶、基本顶属 I 级稳定型顶板，未受到周边工作面采动矿压影响。随着工作面回采，采空区逐步破碎、垮落，未产生较大悬顶面积，工作面初次顶板大面积垮落距离为 50m，基本顶周期来压步距 12~15m，根据现场生产实际，工作面回采不

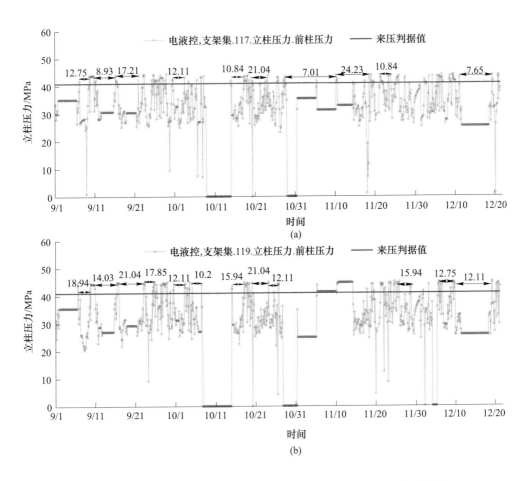

图 6-9 30107 工作面 9 月 1 日至 12 月 20 日 3 号测站支架阻力变化曲线

受矿压显现影响。随着工作面回采推进，支架最大压力达到 45MPa（受工作面周期来压影响，但是工作面上覆煤层未开采，矿压显现不明显，预计工作面回采到 950m 后，受上覆间隔式工作面采空区影响，矿压显现较为明显），支架安全阀打开情况较少，卸压不明显。

统计实体煤、间隔式采空区下工作面顶板活动规律，如表 6-1、表 6-2 所示，结合工作面支架工作阻力变化曲线总结间隔式采空区下顶板破断特征如下：

（1）受冲沟地貌影响，实体煤下方工作面下部周期来压步距最大，中部其次，上部最小，其中 56 号、84 号、132 号支架下方周期来压步距平均为 10.01m、13.14m、15.38m；周期来压期间动载系数上部最大，中部其次，下部最小，其中 52 号、84 号、138 号支架下方顶板破断动载系数分别为 1.40、1.44、1.32。

表6-1　30107工作面6月13日至9月1日顶板活动统计

测区位置	1号测站					2号测站					3号测站				
支架编号	37	50	52	55	56	77	78	84	90	92	128	132	138	139	142
周期来压步距/m　Ⅰ	7.59	13.11	13.11	8.97	8.97	10.2	21.04	12.75	15.96	18.94	10.84	11.48	19.76	12.75	16.85
Ⅱ	26.22	8.28	8.97	12.42	9.66	17.21	24.23	10.83	17.21	9.56	22.31	10.2	14.66	14.02	24.23
Ⅲ	10.35	20.01	22.08	13.80	11.04	15.3	9.56	9.5	12.11	8.29	14.66	15.94	9.56	23.84	8.92
Ⅳ	13.11	11.04	10.35	8.28	10.35	12.75	14.58	11.5	10.84	15.3	13.39	20.4	14.03	14.66	14.03
Ⅴ	13.80	16.56	11.73	10.35	11.73	14.01	10.84	14	13.39	11.48	14.66	26.14	14.66	10.84	13.39
Ⅵ	16.56	11.04	17.94	11.73	10.35	19.76	16.58	10.2	6.38	17.21	15.94	12.11	10.84	17.85	10.2
Ⅶ	10.35	8.97	9.66	12.42	10.35	11.48	19.13	16.6	14.02	12.75	10.2	14.03	16.85	8.93	12.75
Ⅷ	13.11	10.35	6.21	15.18	7.59	12.75	10.84	19.7	14.66	13.39	15.94	12.75	13.73	16.58	13.38
测点平均值/m	13.89	12.42	12.51	11.64	10.01	14.18	15.85	13.14	13.07	13.37	14.74	15.38	14.26	14.93	14.22
测区平均值/m			12.09					13.92					14.70		
周期来压步距平均值/m								13.57							
来压期间支架平均工作阻力/MPa	38.73	43.28	43.37	43.52	42.41	42.71	43.91	45.21	43.92	43.77	42.50	44.03	41.88	42.41	42.84
非来压期间支架平均工作阻力/MPa	27.19	30.79	30.93	30.62	30.65	31.02	30.44	31.37	30.05	31.56	31.12	30.95	31.79	32.17	32.38
动载系数	1.42	1.41	1.40	1.42	1.38	1.38	1.44	1.44	1.46	1.39	1.37	1.42	1.32	1.32	1.32
测区平均值			1.41					1.42					1.35		
动载系数平均值								1.39							

表 6-2　30107 工作面 9 月 1 日至 12 月 20 日顶板活动规律统计

测区位置		1 号测站					2 号测站					3 号测站				
支架编号		26	27	37	40	61	77	83	84	89	94	115	117	119	135	137
周期来压步距/m	I	17.25	15.18	12.42	13.11	7.59	10.84	8.93	17.21	13.39	8.93	12.75	12.75	12.11	21.04	17.21
	II	10.35	9.66	11.04	9.66	11.04	12.75	9.56	21.04	7.65	14.03	14.66	8.93	12.75	21.04	19.76
	III	8.28	11.73	10.35	13.80	8.28	17.76	21.68	19.76	12.11	12.11	23.59	17.21	15.94	19.76	10.84
	IV	12.66	11.73	9.66	11.04	13.80	16.58	18.49	15.94	20.4	17.21	14.66	12.11	12.11	14.03	10.2
	V	13.80	5.52	15.87	8.97	6.90	17.21	15.94	9.56	19.76	15.3	8.93	10.84	15.94	15.3	23.59
	VI	6.21	10.35	6.9	15.18	11.04	10.2	16.48	18.49	12.91	10.84	11.48	21.04	10.2	23.59	13.39
	VII	13.11	11.04	7.21	14.49	6.90	19.23	22.31	12.11	13.39	10.2	12.11	10.84	12.11	14.03	10.2
	VIII	15.87	11.04	11.04	13.11	7.59	12.75	10.2	10.84	10.2	10.84	12.75	7.65	14.03	10.2	19.76
测点平均值		12.19	10.78	10.56	12.42	9.14	14.67	15.45	15.62	13.73	12.43	13.87	12.67	13.15	17.37	15.62
测区平均值/m				11.02					14.38					14.54		
周期来压步距平均值/m									13.31							
来压期间支架平均工作阻力/MPa		38.26	41.77	42.05	42.93	44.69	43.07	42.83	43.72	41.95	42.74	42.40	42.72	43.93	42.73	42.29
非来压期间支架平均工作阻力/MPa		29.19	28.45	28.88	28.86	28.48	32.66	30.69	31.40	25.30	29.99	29.89	31.67	30.80	29.75	30.83
动载系数		1.31	1.47	1.46	1.49	1.57	1.29	1.40	1.39	1.66	1.43	1.42	1.35	1.43	1.44	1.37
测区平均值				1.46					1.43					1.40		
动载系数平均值									1.43							

（2）间隔式采空区下工作面平均周期来压步距为 13.31m，小于实体煤下方顶板周期破断步距；动载系数为 1.43，较实体煤下方工作面大。其中，工作面中部冲沟地貌叠加间隔式煤柱群下方集中载荷影响使得 89 号支架下方顶板来压动载系数高至 1.66。

6.4　深孔预裂爆破间隔式煤柱机理及数值模拟

2^{-2} 号煤层多个工作面发生多起支架压死事故，考虑下组煤地质条件特殊性，30107 工作面选用了 ZY9000/14/26D 型两柱掩护式液压支架，由 6.3 节中支架阻力变化曲线可知，30107 工作面回采至目前并未发生支架压死事故。为充分利用 2^{-2} 号煤层开采时所选 ZY7200-14/28D 两柱式掩护液压支架，3^{-1} 号煤层右翼采区 30106、30108 工作面计划继续使用。为避免发生 2^{-2} 号煤层回采工作面类似事故，选择深孔预裂间隔式煤柱的方法降低 3^{-1} 号煤回采过程中顶板破断产生的冲击载荷，进而保证工作面安全开采。

6.4.1　煤柱内爆破冲击波演化特征及其参数确定

炸药在炮孔内爆炸后瞬间产生巨大的冲击载荷，向炮孔周围扩散并作用在炮孔壁上，其强度可达数万兆帕，并在岩体中激起陡峭的脉冲应力波，这种应力波称为爆炸冲击波。在这种巨大的强度作用之下，炮孔壁周围的煤体会被瞬间压碎，形成范围 3~7 倍炮孔半径的压碎区。与煤壁接触并产生粉碎区后，爆轰波强度迅速下降，冲击波衰减为应力波，应力波作用时间长、产生的破坏范围大。

炸药被引爆后，炸药内部发生化学反应产生大量的高温、高压、高速的气体。化学反应释放的能量使得冲击波能够源源不断地进行传播并进行能量损耗的补充。这种伴随着炸药化学反应发生并在炸药中传播的特殊应力波，称为爆轰波。爆轰波的传播速度为爆速，其传播过程称为爆轰过程。根据爆轰波流体动力学理论，同时结合质量守恒、动量守恒和能量守恒、爆轰产物的状态方程，得出关于爆轰波参数的方程为：

$$p = \frac{1}{\gamma_h + 1} \rho_0 D^2 \qquad (6-1)$$

式中，p 为爆轰压力，Pa；γ_h 为隔热指数，取 3；ρ_0 为炸药密度，kg/m^3；D 为炸药爆速，m/s。

采用煤矿二级许可使用乳化炸药，炸药密度 $\rho_0 = 1300kg/m^3$，爆速 $D = 3600m/s$，代入式（6-1）计算得爆轰压力 $p = 4.12GPa$。

炸药爆炸后在炸药内以爆轰波的形式传播，在传出炸药后，形成冲击波并在介质中传播。根据弹性波理论，冲击波的初始应力为：

$$p_{\mathrm{m}} = \frac{2\rho_{\mathrm{r}}C_{\mathrm{pr}}}{\rho_{\mathrm{r}}C_{\mathrm{pr}} + \rho_0 D} p \qquad (6\text{-}2)$$

式中，p_{m} 为冲击波的初始峰值压力，Pa；ρ_{r} 为被爆炸物体密度，$\mathrm{kg/m^3}$；C_{pr} 为纵波在被爆炸物中的传播速度，$\mathrm{m/s}$。

由式（6-2）可知，炸药类型确定后，冲击波的初始强度主要取决于被爆炸物的密度及纵波在被爆炸物中的传播速度，两者之积 $\rho_{\mathrm{r}}C_{\mathrm{pr}}$ 称为波阻抗。因此，波阻抗越大，初始应力越大，从而导致炮孔壁周围的破碎区增大，能量消耗多。根据式（6-1）爆轰压力计算结果与煤体中的纵波传递速度（2100m/s），代入式（6-2）计算得 $p_{\mathrm{m}} = 3.54\mathrm{GPa}$。

炮孔壁上冲击波初始压力与炮孔内装药方式相关，为此，分别研究柱状炮孔内耦合装药和不耦合装药两种情况下初始压力差异。两种情况下常用的计算公式可描述为[206]：

耦合装药

$$p_{\mathrm{b}} = \frac{1}{4}\rho_0 D^2 \frac{2\rho_{\mathrm{r}}C_{\mathrm{pr}}}{\rho_{\mathrm{r}}C_{\mathrm{pr}} + \rho_0 D} \qquad (6\text{-}3)$$

不耦合装药

$$p_{\mathrm{b}} = \frac{1}{8}\rho_0 D^2 \left(\frac{d_0}{d_1}\right)^6 n \qquad (6\text{-}4)$$

式中，p_{b} 为爆轰波施加于炮孔初始动载荷，GPa；d_0 为药卷直径，mm；d_1 为炮孔直径，mm；n 为压力增大系数。

将炸药密度 $\rho_0 = 1300\mathrm{kg/m^3}$，爆速 $D = 3600\mathrm{m/s}$，2^{-2} 号煤层密度 $\rho_{\mathrm{r}} = 1321\mathrm{kg/m^3}$，煤体中纵波声速 $C_{\mathrm{pr}} = 2100\mathrm{m/s}$，不耦合装药药卷直径 70mm，炮孔直径 100mm，耦合装药药卷、炮孔直径均为 70mm，代入式（6-3）、式（6-4），计算得两种情况下爆轰波对孔壁的初始载荷分别为：耦合装药，$p_{\mathrm{b}} = 4.12\mathrm{GPa}$；不耦合装药，$p_{\mathrm{b}} = 2.45\mathrm{GPa}$。

对比式（6-2）、式（6-3）可知，对于耦合装药，爆炸冲击波的初始应力与爆轰波对炮孔壁的初始应力计算公式相等，因此爆轰波对孔壁的初始压力值和冲击波初始应力理论值相等；对于不耦合装药，由于耦合介质的存在，爆轰波传出炸药后在耦合介质传播过程中存在衰减。因此，不耦合装药时爆轰波作用在炮孔壁上的压力值小于耦合装药。

对间隔式煤柱进行深孔预裂爆破时，炮孔周围会依次形成压碎区、裂隙区及弹塑性区。

对于耦合装药，粉碎区有如下计算公式：

$$r_2 = \left(\frac{\sqrt{2}\rho_0 D^2 A B}{8 K_\sigma \sigma_0}\right)^{\frac{1}{\alpha}} d_1 \qquad (6\text{-}5)$$

对于不耦合装药，当不耦合系数较小时有：

$$r_2' = \left(\frac{\sqrt{2} \rho_0 D^2 n K^{-2\gamma} l_e B}{16 K_\sigma \sigma_0} \right)^{\frac{1}{\alpha}} d_1 \tag{6-6}$$

式中，r_2、r_2' 为粉碎区半径，mm；K_σ 为动载作用下煤体强度增强系数；σ_0 为煤岩体静载单轴抗压强度，Pa；A 为常数，$A = p_m/p_2$，取 0.86；B 为常数，$B = \sqrt{(1+\lambda)^2 + (1+\lambda^2) - 2\lambda(1-\lambda)^2}$；$K$ 为不耦合系数，$K = r_1/r_0$；l_e 为轴向装药系数；α 为载荷传播衰减指数，$\alpha = (2-\mu_d)/(1-\mu_d)$；$\mu_d$ 为 2^{-2} 号煤层动泊松比，$\mu_d = 0.8\mu$；λ 为侧向应力系数，$\lambda = \mu_d/(1-\mu_d)$。

2^{-2} 号煤层动泊松比取 0.29，动载抗压强度 $\sigma_0 = 20.43$MPa，轴向装药系数 $l_e = 1$，计算出衰减指数 $\alpha = 2.3$，$A = 0.86$，$B = 1.58$，不耦合系数 $K = 1.43$，强度增强系数取 $1.5^{[207]}$，代入式（6-5）、式（6-6）计算得：耦合装药粉碎区半径，$r_2 = 0.292$m；不耦合装药粉碎区半径，$r_2' = 0.354$m。

裂隙区半径表达式为[208]：

耦合装药

$$r_3 = \left(\frac{\sqrt{2} \sigma_R B}{2 \sigma_{td}} \right)^{\frac{1}{\beta}} r_2$$

$$r_3' = \left(\frac{\sqrt{2} \sigma_R B}{2 \sigma_{td}} \right)^{\frac{1}{\beta}} r_2' \tag{6-7}$$

$$\sigma_R = \frac{\sqrt{2} K_\sigma \sigma_0}{B}$$

式中，r_3、r_3' 为裂隙区半径，mm；σ_{td} 为煤体的动载下的抗拉强度，MPa，$\sigma_{td} = K_\sigma \sigma_t$；$\beta$ 为应力波在裂隙区的衰减指数，$\beta = (2-3\mu_d)/(1-\mu_d)$；$\sigma_R$ 为破碎区与裂隙区分界面上的径向应力，MPa。

计算可得 $\sigma_R = 288.8$MPa，$\sigma_{td} = 14.5$MPa，$\beta = 1.697$，计算得裂隙区半径为：耦合装药裂隙区半径，$r_3 = 1.427$m；不耦合装药裂隙区半径，$r_3' = 1.732$m。

整理上述计算结果，将两种装药方式对应的爆破参数统计为表 6-3。

表 6-3　不同装药结构的爆破参数

装药结构	粉碎区半径 /mm	裂隙区半径 /mm	单孔爆破有效破坏直径/m	理论钻孔间距 /m
耦合装药	292	1427	3.44	1.72
不耦合装药	354	1732	4.17	2.09

6.4.2　间隔式煤柱预裂炮孔装药结构

LS-DYNA 作为一款通用有限元数值计算程序，广泛应用于动力学仿真实验中，主要采用 Lagrange 算法，在解决流体问题及多场耦合问题时，程序提供了 ALE 算法和 Euler 算法。其优越的动态求解特性使得其在爆破工程中得到广泛的应用。

对于爆炸分析，主要涉及被爆炸物体、炸药、填塞物、不耦合介质等。选取 003 号材料 *MAT_PLASTIC_KINEMATIC 描述被爆炸物体，008 号材料 *MAT_HIGH_EXPLOSIVE_BURN 表征炸药，以及 009 号材料 *MAT_NULL 来模拟空气、水等流体。材料模型选用 Solid164 单元，该单元可用来模拟弹塑性体，单元节点可实现速度、加速度、扭转、平移等特征，同时可实现单元转化，便于进行隐式-显式求解。LS-DYNA 模拟爆炸时，需利用 ANSYS 前处理器生成模型实体，并完成各部分材料属性赋予、模型网格划分、边界条件设置、载荷施加、设置求解参数，并最终生成关键字文件 K 文件。然后在 K 文件中进行关键字的修改，包括材料模型的更改及爆炸状态设置等。最后在 LS-DYNA 求解器中进行计算，并在后处理器 LS-PREPOST 中查看计算结果。

设置的参数包括炸药密度、爆速、爆轰压力及状态方程的相关参数。2^{-2} 号煤层和炸药的参数如表 6-4 和表 6-5 所示。

表 6-4　2^{-2} 号煤层力学参数

岩性	密度 /g·m^{-3}	弹性模量 /GPa	抗压强度 /MPa	抗拉强度 /MPa	泊松比	参数 c	参数 p
2^{-2} 号煤	1321	2.6	20.43	1.45	0.29	1.9	2

表 6-5　炸药参数及 JWL 状态方程参数

密度 /g·m^{-3}	爆速 /m·s	PCJ /GPa	A /GPa	B /GPa	R_1	R_2	ω	E_0 /GPa
1300	3600	4.12	42	0.44	3.55	0.16	0.41	3.15

根据深孔形状特征，将单孔爆破当作平面问题来考虑。考虑计算效率且模型具有对称性，因此建立如图 6-10 所示的 1/4 模型，研究装药结构对爆破效果的影响，根据单孔爆破有效作用半径理论计算结果建立模型半径为 3m。设置单元失效准则为静态抗拉强度的 10 倍。

不同装药结构下裂隙发育情况如图 6-11 所示，通过对 ALE 空间网格的计数、换算，得两种装药结构下粉碎区直径分别为 808mm、834mm，裂隙区直径分别为 3500mm、4200mm。

除裂隙发育外，粉碎区边缘煤体单元处压力大小同样受装药结构影响，图 6-12 分别为两种装药结构对应粉碎区边缘煤体单元的压力-时间变化曲线。耦合装药结构动载峰值约为 54MPa，而不耦合装药动力峰值约为 97.5MPa，不耦合装药结构下爆炸载荷对粉碎区边界的作用力更大。

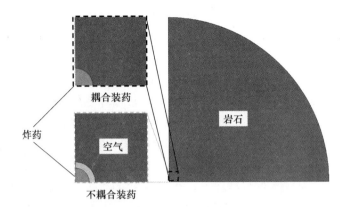

图 6-10 装药方式模型

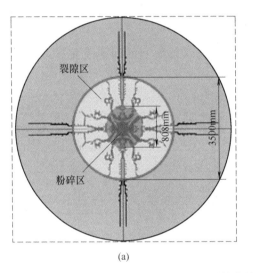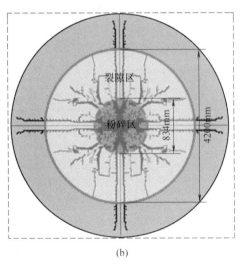

(a)　　　　　　　　　　　(b)

图 6-11 不同装药结构下裂隙发育规律

(a) 耦合；(b) 不耦合

对比理论计算与数值模拟结果可知：不耦合装药方式预裂半径较耦合大358mm，且不耦合装药的炮孔直径大于药卷直径，装药工作更为便捷，因此，间隔式煤柱致裂炮孔选择不耦合装药结构。

6.4.3 间隔式煤柱预裂爆破数值模拟

通过数值模拟方法研究预裂煤柱作为下组煤开采过程中顶板控制技术的可行性。建立间隔式煤柱预裂爆破数值模型，如图 6-13 所示，模型尺寸为 220m×97.3m，包含了 2^{-2} 号煤和 3^{-1} 号煤在内的 19 个地层，以不影响计算结果为前提。为提升计算效率，上部黄土层采用等效载荷代替，其等效载荷大小为 0.92MPa。

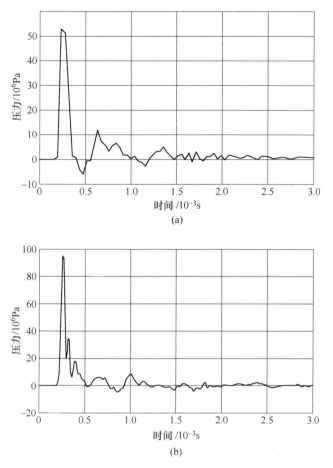

图 6-12 不同装药结构粉碎区边缘压力-时间曲线

（a）耦合；（b）不耦合

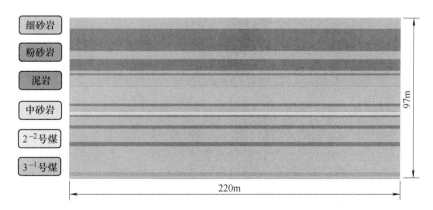

图 6-13 间隔式煤柱预裂爆破数值模型

模型四周为应力无反射边界，除上表面均固定其外法线方向，各岩层采用 PLASTIC_KINEMATIC 材料模型，岩性如表 2-4 所示。间隔式煤柱中心布置地面至煤柱底板炮孔，采用不耦合装药结构，装药长度为 2m。

建模、赋参后进行静力平衡计算，平衡后进行 2^{-2} 号煤间隔式开挖，模型两侧分别留设 25m 边界煤柱，一次性开挖三个间隔式采空区，再次静力平衡，平衡后垂直应力云图如图 6-14 所示。模型开挖后应力二次分布平衡，采空区顶、底板内应力降低，煤柱上下应力集中。

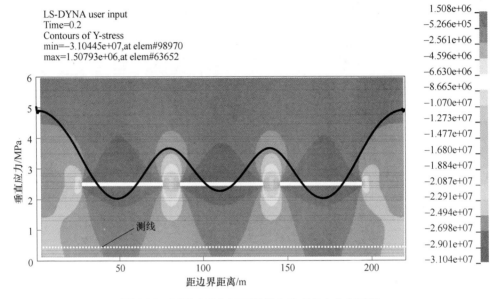

图 6-14   间隔式采空区顶底板内垂直应力分布云图

监测 3^{-1} 号煤层上方 5m 处顶板内垂直应力分布曲线如图 6-14 所示，应力分布曲线呈现出波浪形，即在煤柱下正下方应力集中，煤柱下应力值大小约为采空区下的 2 倍。3^{-1} 号煤工作面推进至煤柱正下方附近位置处，间隔式煤柱下应力集中叠加 3^{-1} 号煤工作面超前支承压力作用下，工作面易发生煤壁大面积片帮及冲击载荷致灾（压架），从而影响工作面安全生产。为预防、杜绝安全事故，本书采用深孔预裂间隔式煤柱的方法，实现应力集中区域应力再次分布，由于煤柱被预裂，采空区顶板下沉量增加，破碎岩体压实程度增加，因此，采空区承载增加、煤柱承载降低，间隔式采空区、煤柱下应力分布相对均衡，降低下组煤层顶板垮落产生的冲击载荷，保证工作面安全生产。

预裂煤柱后再充分利用超前支承压力作用压垮煤柱，从而释放集中载荷防止下方工作面顶板冲击来压，分别计算了工作面推进至距离模型左边界 65m、67m、69m、71m、73m 时预裂前方间隔式煤柱，计算结果如图 6-15 所示，模型中炸药材料及其状态方程参数见表6-5。

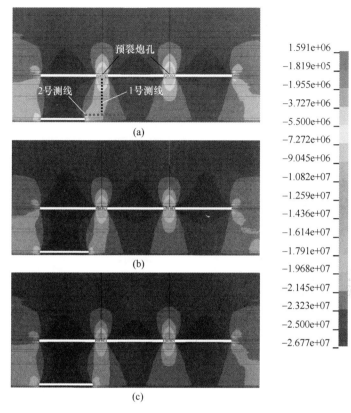

图6-15 不同推进长度预裂间隔式煤柱后垂直应力分布云图

(a) 65m；(b) 69m；(c) 73m

由于应力分布云图无法通过图例对比进行量化分析，因此设置了两条测线，如图6-15所示，分别用于监测煤柱下方35m深度范围内底板中垂直应力、工作面前方20m内顶板中超前支承压力曲线，两条测线内测点处应力值变化曲线如图6-16所示。

量化分析不同推进长度预裂煤柱后应力变化规律，即可得出工作面距间隔式煤柱水平距离优化值。图6-16（a）为煤柱中心下方底板中应力随深度变化曲线，应力大小随深度增加先增后减至平缓。参照图6-11炮孔周围裂隙发育图可知，煤柱正中心炮孔周围为粉碎区，粉碎区正下方应力值最小，因此1号测线上部3.5m深度内测点应力大小渐增，与应力曲线前部上升阶段相对应。由于间隔式煤柱被预裂，集中应力被释放，因此煤柱下方应力整体呈下降至平稳趋势，煤柱下埋深大于30m时应力值变化稳定，但煤柱与工作面水平距离不同，应力大小不同，距离2m、10m时垂直压力大小分别为5.23MPa、3.81MPa。图6-16（b）描

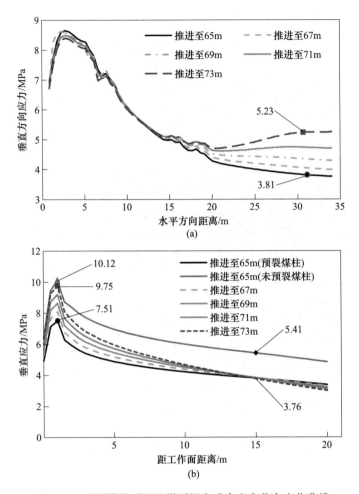

图 6-16　预裂煤柱后下组煤顶板内垂直应力分布变化曲线

（a）不同推进长度预裂煤柱后煤柱下方 35m 深度范围内底板中垂直应力变化曲线；

（b）不同推进长度预裂煤柱后工作面前方 20m 内顶板中超前支承压力曲线

述了 2 号测线上各测点应力分布规律，超前应力峰值距煤壁 1.5m，随工作面推进距离增加，超前压力峰值减小，推进 73m 处超前支承压力最大值为 9.75MPa，推进 65m 处超前支承压力最大值为 7.51MPa，超前工作面 10m 处前方支承压力峰值较超前 2m 的大 2.24MPa。综上分析，选择超前下组煤工作面 10m 预裂间隔式煤柱。

结合井田地质条件，煤层埋深较浅，可采取地面向下钻孔措施，地面炮孔布置采用梅花型布置，炮孔布置及结构布置如图 6-17 所示。炮孔直径 100mm，底部最小抵抗线 2.7m，装药高度 2m，孔距 7m，排距 5m。超前工作面推进 10m 预裂煤柱，爆破释放煤柱内集聚能量的同时也降低了间隔式采空区内空隙率，叠加

3^{-1} 号煤层开采超前压力作用间隔式采空区下基本顶向下回转、下沉，支架通过关键块体时基本顶岩石运动对支架动载大幅下降，避免发生压架事故。

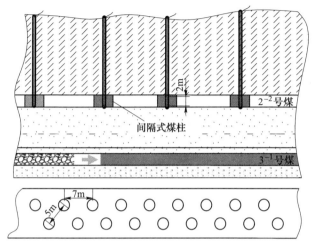

图 6-17   间隔式煤柱预裂炮孔布置图

6.4.4   间隔式采空区下支架适应性分析

深孔爆破预裂间隔式煤柱的主要目的是为了使用 ZY7200-14/28D 型液压支架安全开采 3^{-1} 号煤层右翼采区工作面，采用上述预裂煤柱的方法能否实现此目的仍需量化进一步检验。参照 30107 工作面 ZY9000/14/26D 型支架安全回采案例，对比预裂爆破前后间隔式采空区下方 3^{-1} 号煤层顶板内垂直应力变化量演算 ZY7200-14/28D 型支架能否提供足够支承力，由上节可知超前 10m 预裂间隔式煤柱卸压效果最佳，因此选取爆破前、后 3^{-1} 号工作面推进至 65m 处 2 号测线上测点应力值分布曲线作对比，如图 6-16 所示。

对比超前 10m 预裂煤柱前、后 3^{-1} 号工作面推进至 65m 处，前方 20m 范围内超前支承压力分布曲线可知：爆破前工作面超前支承压力峰值为 10.12MPa，工作面前方 15m 处（出煤柱阶段）支承压力大小为 5.41MPa；爆破后超前压力峰值与出煤柱阶段支承压力大小分别为 7.51MPa、3.76MPa。预裂煤柱后超前支承压力峰值与出煤柱阶段压力值分别降低至 74.21%、69.5%。3^{-1} 号煤层左、右翼采区地质条件相似，左翼采区选用 ZY9000/14/26D 型支架实现了 30107 工作面安全开采，ZY7200-14/28D 型支架提供工作阻力为 ZY9000/14/26D 型的 80%。对比爆破前、后超前应力释放比例可知：利用 ZY7200-14/28D 型支架可实现 3^{-1} 号煤层右翼采区工作面安全开采。

考虑到 ZY7200-14/28D 支架已经服务矿井近十年时间，设备疲劳及部分零部件损伤使得支架工作阻力无法达到额定工作阻力，顶板来压时部分支架活柱密封处漏液严重，在保证安全开采的前提下，被动选择下列方案作为加强采场支护的主要措施：将漏液严重的立柱更换为性能良好的活柱，为保证安全，一次只更换一根活柱；同时，局部顶板压力较大位置支架左右两侧，支设单体液压支柱配合提升支架工作阻力。

6.5　本章小结

基于 30107 工作面支架工作阻力实测数据，归纳总结间隔式采空区下方工作面顶板活动规律特征如下：受冲沟地貌影响，工作面自下部至上部周期来压步距大小递增，而周期来压期间动载系数平均值呈递减规律；工作面平均周期来压步距为 13.31m，顶板失稳动载系数平均值为 1.43，叠加冲沟地貌的影响使得工作面中部来压动载系数高至 1.66。

为实现间隔式采空下工作面安全高效开采的同时充分发挥上组煤层综采工作面支护支架作用，采用深孔预裂间隔煤柱的方法降低了煤柱突变失稳、两层采空区顶板破断产生的冲击载荷，实现下组煤层安全开采的同时，ZY7200-14/28D 支架得以再利用。理论计算与数值模拟结果显示，不耦合装药方式预裂半径较耦合大，且不耦合装药工作更为便捷，因此，间隔式煤柱致裂炮孔选择不耦合装药结构。建立间隔式煤柱预裂爆破模型，计算、监测了不同推进位置处预裂卸压效果，研究得出超前工作面 10m 预裂间隔式煤柱为最佳方案；对比爆破前、后超前应力释放比例及 30107 工作面工程案例，确定了 ZY7200-14/28D 型支架可应用于下组煤右翼采区工作面。考虑旧设备性能折损问题，提出了更换活柱及单体配合的补强支护方案。

7 结论与展望

7.1 主要结论

本书针对榆神府煤田冲沟发育地貌近距离煤层群开采地质条件，以浅部非充分垮落采空区集中载荷分布下，近距离煤层开采顶板破断过程中动载的形成、致灾机理与控制技术为研究背景，综合运用理论分析、物理实验、数值计算及现场实测等多维研究手段，得出以下主要结论：

（1）通过间隔式采空区基本顶分层两端固支梁理论分析可知，基本顶垂直位移大小与泊松比、弹性模量成反比，岩石强度越大，基本顶下沉量越小。其中，泊松比变化较弹性模量对垂直位移的影响较小；基本顶分层厚度对垂直位移影响较大。利用相似模拟、数值反演的研究方法预测了间隔式采空区上覆岩层运移规律与破断特征，结合实测地表裂隙分布规律及部分坡体滑坡概况，将间隔式采空区上覆岩层破断特征确定为：伪顶、直接顶垮落；基本顶弯曲下沉且中部裂隙发育程度较高。

（2）研究了破碎岩体的建模、赋参方法及压实特性。通过参数化 3D Voronoi 块体及剖分模型结合块体随机删除程序，建立了不同碎胀系数的破碎岩体模型，开发了不规则多面体剖分程序，既细化了模型，又补充了 3DEC 内置四面体、六面体单元无法准确描述岩石块体的功能缺陷；引入 Weibull 分布模型描述破碎岩块的岩性分布特征。建立粉砂岩单轴压缩与巴西劈裂模型，反演了岩石及节理力学参数，与实验结果对比验证了反演结果的可靠性；以校核后力学参数为平均值，结合 Weibull 分布系数生成多组岩性参数，编制 FISH 程序实现了破碎岩体单元及节理参数随机分布模型，此程序也突破了 3DEC 软件对参数组数不能超过 50 的限制。通过单轴压缩实验研究了不同碎胀系数的破碎岩体模型的压实特性；将压实特性曲线划分为 5 个部分，重点研究了空隙压密与弹性阶段破碎岩体变形特征，与理论分析及实验结果作对比，验证了破碎岩体三维离散多面体及细化模型、赋参方法及实验结果的准确性。

（3）根据采空区垮落带高度及破碎岩体承载特征，确定了南梁煤矿间隔式采空区内破碎岩体碎胀系数，结合（1）中间隔式采空区基本顶垂直位移计算结果，分别确定了平缓及冲沟地貌下采空区内碎石承载宽度和集中载荷分布特征。基于间隔式采空区顶板稳定特征及采空区破碎岩体承载特性，采用积分的方法分别确定了不同地貌下间隔式采空区中煤柱上覆载荷。选取"伯格斯-摩尔"流变模型反演并量化了间隔式煤柱的长期承载特性，编制了流变模型剪切模量预设与变量监测方法相关的 FISH 程序，获得了平缓地貌下间隔煤柱上覆承载变化曲线。采用有限元计算程序研究了冲沟地貌下间隔煤柱上覆岩层中垂直应力分布规律，确定了冲沟地貌间隔式煤柱模型上表面应力边界的斜率 $k = \gamma \cdot \tan\alpha$，结合 FISH 程序采用节点加载方式施加应力边界，监测了冲沟地貌下间隔式煤柱承载曲线。对比理论与数值计算结果，确定了抛物线准则是计算间隔式煤柱塑性区宽度的最佳方法。

（4）基于间隔式煤柱上覆载荷及煤柱强度计算方法，定义了煤柱单元失稳概率，结合重整化群理论将间隔式采空区中煤柱群划分为一维重整化煤柱群模型，将煤柱失稳概率密度函数（PDF）表示为威布尔函数分布形式，计算得出重整化煤柱群元胞失稳概率，利用不动点理论确定元胞失稳不动点方程及其有效解，此解作为判断煤柱失稳概率的临界值。结合南梁煤矿间隔式开采技术参数及地质资料计算了 2^{-2} 号煤层间隔式采空区中一维重整化煤柱群中元胞失稳概率，对比煤柱失稳临界值得出 2^{-2} 号煤层采空区中煤柱群无整体失稳可能性。采用相似模拟及数值计算方法验证了煤柱群稳定性理论研究结果的正确性。

（5）基于不同地貌间隔式煤柱蠕变模型下数值计算结果，采用高斯函数逼近的方式拟合了煤柱上覆集中载荷分布规律，结合采空区内碎石承载特征计算公式，利用弹性力学中集中载荷作用下半无限平面理论与坐标系平移方法计算了间隔式采空区下方底板中各应力分量大小及分布规律，引用应力集中系数的描述方法揭示并绘制了组合采空区下方底板中应力集中、降低区域分布规律。对比应力集中最大影响深度及南梁煤矿地质条件可得：水平应力最大影响深度小于层间距，垂直应力最大影响深度大于层间距，因此，下组煤顶板中应力分布受间隔式采动影响以垂直应力为主，其中煤柱下方为应力集中区，3^{-1} 号煤层直接顶、基本顶上方应力集中系数分别为 1.14、1.5。

（6）分别采用相似模拟、二维离散元数值计算的方法研究了不同地貌下间隔式采空区下方重复采动过程中煤柱、上覆岩层破断特征及支架支承压力变化规律。相似模拟结果表明：背沟开采过煤柱后，煤柱中部发生严重离层，煤柱破坏形式为拉破坏；向沟开采过间隔式煤柱，煤柱两对角之间产生错动破裂，破裂面方向和冲沟坡面方向相反；3^{-1} 号煤层基本顶破断形式为切顶断裂，周期来压步距平均为 12.64m。对比间隔式采空区和实体煤下方工作面支架支承压力变化规律可知：间隔式采空区和煤柱下方来压期间支架支承压力平均值分别为 8.69MPa、7.65MPa，分别为实体煤下方支承压力的 1.436 倍、1.264 倍。

（7）基于 30107 工作面支架工作阻力实测数据，归纳总结间隔式采空区下方工作面顶板活动规律特征如下：受冲沟地貌影响，工作面自下部至上部周期来压步距大小递增，而周期来压期数动载系数平均值呈递减规律；工作面平均周期来压步距为 13.31m，顶板失稳动载系数平均值为 1.43，叠加冲沟地貌的影响使得工作面中部来压动载系数高至 1.66。

（8）为实现间隔式采空下工作面安全开采的同时充分发挥上组煤层综采工作面支护支架作用，提出了深孔预裂煤柱的方法，降低了煤柱突变失稳、两层采空区顶板破断产生的冲击载荷，通过数值模拟模型优化了爆破装药方式和参数，以及最佳超前起爆位置。

7.2 研究展望

（1）数值计算方法作为本书重要的研究手段之一，受实验室计算机计算能力限制，未能进一步细化大模型，为提高数值计算精度为工程提供更多参照，下一步工作中利用计算集群建立采区内多个工作面数值计算大模型，细化模型中离散元块体、有限元网格，优化变量监测方法，实现更高效高精度、效率的数值计算。

（2）由于间隔式采空区为遗留老采空区，具有隐蔽性与危险性，无法进入采空区内开展实测工作，采空区内不同位置空隙度无法获取，下一步工作中将结合地表沉降监测与神经网络系统分区预测采空区内不同位置空隙分布云图，为重复采动产生动载大小确定研究奠定基础，配合深钻孔窥视、钻孔应力计等原位监测装置进行更深入的研究。

（3）重复采动后裂隙网分布特征及流体（有毒有害气体、水）在裂隙网中渗流特性将作为重点拓展的研究方向之一。

附录　变量注释表

H	基本顶埋深
h_b	基本顶分层厚度
γ	覆岩平均容重
u	水平位移分量
v	垂直位移分量
w	基本顶分层挠度
μ	基本顶岩层的泊松比
E	弹性模量
q_0	线性载荷最小值
q_1	线性载荷最大值
l	间隔式采空区上方基本顶宽度
h	基本顶厚度
θ	冲沟倾角
k	线性载荷斜率
$d(\bullet,\bullet)$	范数
d	欧式距离
n	破碎岩块空隙率
V	岩石总体积
V_R	破碎岩块体积总和
BF	破碎岩体碎胀系数
a	岩石（岩块、节理）力学参数
a_0	岩石力学参数的平均值
m	Weibull 分布函数的形状参数
D	试件直径
L	厚度
P_{max}	最大径向载荷
σ	碎石轴向载荷
h_i	直接顶平均高度
h_f	伪顶平均高度
c	基本顶岩层中裂隙贯通高度
ε	垂直应变

E_0	垮落岩石的初始弹性模量
ε_m	最大垂直应变
h_c	间隔式采空区内垮落带高度
h_m	采高
PDF	煤柱失稳概率密度函数
b_p	间隔式煤柱宽度
K	体积模量
G	剪切模量
η	黏度
σ^t	抗拉强度
σ_1，σ_3	最大、最小主应力
B	塑性区宽度
φ	内摩擦角
λ	弹塑性区临界面的侧压系数
K	应力集中系数
w_1，w_2	煤柱截面边长
b_1，b_2	煤柱间距
β	采空区顶板冒落拱切线与竖直方向夹角
W	工作面宽度
L	煤柱间载荷传递大小
P_0	煤柱单元体失稳概率
σ_{aps}	煤柱上覆载荷
P_1	一级元胞失稳破坏概率
m_i	关于基元强度的相似性的参数
σ_i	第 i 个元胞上覆载荷
$f(x)$	集中载荷曲线表达式
P	爆轰压力
γ_h	隔热指数
ρ_0	炸药密度
p_m	冲击波的初始峰值压力
ρ_r	被爆炸物体密度
C_{pr}	纵波在被爆炸物中的传播速度
P_b	爆轰波施加于炮孔初始动载荷
d_0	药卷直径
d_1	炮孔直径

n	压力增大系数
r_2	粉碎区半径
σ_0	煤、岩体静载单轴抗压强度
μ_d	动泊松比
r_3	裂隙区半径

参 考 文 献

[1] 杨宏科. 陕北神府矿区浅部煤层的赋存特征 [J]. 陕西煤炭技术, 1998 (4): 27~30.

[2] 张俊英, 李文, 杨俊哲, 等. 神东矿区房采采空区安全隐患评估与治理技术 [J]. 煤炭科学技术, 2014, 42 (10): 14~19.

[3] 许家林, 朱卫兵, 鞠金峰. 浅埋煤层开采压架类型 [J]. 煤炭学报, 2014, 39 (8): 1625~1634.

[4] 陕西地震信息网 [Z]. ww.eqsn.gov.cn/.

[5] 黄庆享. 浅埋煤层的矿压特征与浅埋煤层定义 [J]. 岩石力学与工程学报, 2002, 21 (8): 1174~1177.

[6] 许家林, 朱卫兵, 王晓振, 等. 浅埋煤层覆岩关键层结构分类 [J]. 煤炭学报, 2009 (7): 865~870.

[7] 黄庆享, 石平五, 钱鸣高. 浅埋煤层长壁开采的矿压特征 [C] // 中国岩石力学与工程学会第五次学术大会论文集, 1998.

[8] 鹿志发, 孙建明. 旺格维利 (Wongawilli) 采煤法在神东矿区的应用 [J]. 煤炭科学技术, 2002 (b01): 11~18.

[9] 王天亮. 旺格维利采煤法在上湾矿的应用 [J]. 煤炭工程, 2003 (12): 35~37.

[10] 高士岗. 旺格维利采煤法在榆家梁煤矿的应用 [C] // 中国煤炭学会. 中国煤炭学会科技系列丛书: 第五届全国煤炭工业生产一线青年技术创新文集, 北京: 煤炭工业出版社, 2010.

[11] 李浩荡. 液压支架护顶旺格维利采煤法在大柳塔矿的应用 [J]. 煤炭科学技术, 2008, 36 (8): 15~17.

[12] 杨必荣. 旺格维利采煤法在锦界煤矿的应用 [J]. 大科技, 2013 (6): 200.

[13] 杨俊哲. 神东短壁机械化开采技术的应用 [C] // 全国煤矿复杂难采煤层开采技术交流会, 2012.

[14] 樊德久. 短壁机械化开采技术在神东矿区的应用与研究 [D]. 阜新: 辽宁工程技术大学, 2004.

[15] 迟国铭. 神东煤炭分公司短壁采煤工艺研究 [C] // 中国煤炭学会. 第 3 届全国煤炭工业生产一线青年技术创新文集, 北京: 煤炭工业出版社, 2008.

[16] 翟桂武. 神东矿区高产高效矿井建设技术 [C] // 2007 年短壁机械化开采专业委员会学术研讨会论文集, 2007.

[17] 耿春平, 杜成海. 神东哈拉沟煤矿房柱式短壁机械化采煤法 [J]. 煤, 2006, 15 (5): 37~38.

[18] 王安. 连续采煤机房柱式短壁机械化采煤技术的研究与实践 [D]. 阜新: 辽宁工程技术大学, 2002.

[19] 田瑞云. 新型房柱式采煤法可行性技术分析 [J]. 煤炭工程, 2007 (3): 5~6.

[20] 田瑞云. 房柱式采煤方法: 中国, 101487392A [P]. 2009-7-22.

[21] 陈刚. 神东矿区浅埋深薄基岩下柱式体系采煤法工作面布置参数优化研究 [D]. 阜新: 辽宁工程技术大学, 2005.

[22] 王明立，张玉卓，张金才. 神府矿区大柳塔矿房柱式采煤法煤柱尺寸研究 [J]. 煤矿现代化，1998 (4)：28~31.

[23] 侯忠杰，付二军. 长壁间隔式开采方法研究及其应用 [J]. 西安科技大学学报，2009，29 (1)：1~6.

[24] 张光耀，付二军. 南梁矿采煤方法的改进与顶板管理 [J]. 煤矿安全，2009，40 (8)：97~99.

[25] 付二军. 南梁煤矿长壁间隔式开采方法开采段合理长度及煤柱参数研究 [D]. 西安：西安科技大学，2009.

[26] 孙建明. 神东矿区高效综合机械化采煤配套技术的理论与实践 [D]. 太原：太原理工大学，2004.

[27] 宋立兵，王庆雄. 国内首个 450m 超长综采工作面安全开采技术研究 [J]. 煤炭工程，2014，46 (3)：45~47.

[28] 我国首个 450m 超长综采工作面在神东集团投产 [J]. 矿山机械，2012，40 (7)：158.

[29] 世界首个 7m 大采高综采工作面开始安装 [J]. 矿山机械，2010 (2)：98.

[30] 王海军. 神东矿区 8m 以上超大采高综采工作面技术探讨 [J]. 煤炭技术，2014，33 (10).

[31] 兖矿 "8.2 米超大采高综采成套技术与装备研制" 科技成果通过鉴定 [J]. 中国煤炭工业，2017 (4)：26~27.

[32] 伊茂森. 神东矿区浅埋煤层大采高综采工作面长度的选择 [J]. 煤炭学报，2007，32 (12)：1253~1257.

[33] 黄庆享，钱鸣高，石平五. 浅埋煤层采场老顶周期来压的结构分析 [J]. 煤炭学报，1999 (6)：581~585.

[34] 黄庆享. 浅埋煤层长壁开采顶板结构及岩层控制研究 [M]. 徐州：中国矿业大学出版社，2000.

[35] 杨治林. 浅埋煤层长壁开采顶板结构稳定性分析 [J]. 采矿与安全工程学报，2005，22 (2)：7~9.

[36] 任艳芳，齐庆新. 浅埋煤层长壁开采围岩应力场特征研究 [J]. 煤炭学报，2011，36 (10)：1612~1618.

[37] 杨治林，余学义，郭何明，等. 浅埋煤层长壁开采顶板岩层灾害机理研究 [J]. 岩土工程学报，2007，29 (12)：1763~1766.

[38] 杨治林. 浅埋煤层长壁开采顶板岩层的不稳定性态 [J]. 煤炭学报，2008，33 (12)：1341~1345.

[39] 陈忠辉，张凌凡，杨登峰，等. 浅埋煤层开采顶板切落条件下支架动载效应 [J]. 煤炭学报，2017，42 (2)：322~327.

[40] 任艳芳，宁宇，齐庆新. 浅埋深长壁工作面覆岩破断特征相似模拟 [J]. 煤炭学报，2013，38 (1)：61~66.

[41] 吕军，侯忠杰. 影响浅埋煤层矿压显现的因素 [J]. 采矿与安全工程学报，2000 (2)：39~40.

[42] 刘全明. 浅埋综采工作面矿压显现的推进速度效应分析 [J]. 煤炭科学技术，2010，38

(7)：24~26.

[43] 李新华，张向东．浅埋煤层坚硬直接顶破断诱发冲击地压机理及防治 [J]．煤炭学报，2017，42 (2)：510~517.

[44] Peng Syd S.，李化敏，周英．神东和准格尔矿区岩层控制研究 [M]．北京：科学出版社，2015.

[45] 张俊云，侯忠杰，田瑞云，等．浅埋采场矿压及覆岩破断规律 [J]．采矿与安全工程学报，1998 (3)：9~11.

[46] 卢鑫，张东升，范钢伟，等．厚砂层薄基岩浅埋煤层矿压显现规律研究 [J]．煤矿安全，2008，39 (9)：10~12.

[47] 李国华，任艳芳，徐天发，等．厚松散层浅埋煤层工作面矿压显现规律研究 [J]．煤炭工程，2013，1 (1)：76~78.

[48] 张杰，刘增平，赵兵朝，等．厚松散层浅埋煤层矿压规律实测分析 [J]．矿业安全与环保，2011，38 (1)：13~16.

[49] 任艳芳，马兆瑞．厚松散层浅埋大采高综放工作面切顶压架原因分析 [C] //天地科技股份有限公司开采设计事业部采矿技术研究所等．综采放顶技术理论与实践的创新发展．北京：煤炭工业出版社，2012.

[50] 侯忠杰．地表厚松散层浅埋煤层组合关键层的稳定性分析 [J]．煤炭学报，2000，25 (2)：127~131.

[51] 侯忠杰，张杰．厚松散层浅埋煤层覆岩破断判据及跨距计算 [J]．辽宁工程技术大学学报，2004，23 (5)：577~580.

[52] 侯忠杰，吕军．浅埋煤层中的关键层组探讨 [J]．西安科技学院学报，2000，20 (1)：5~8.

[53] 侯忠杰．浅埋煤层关键层研究 [J]．煤炭学报，1999 (4)：359~363.

[54] 封金权，张东升，王旭锋，等．土基型浅埋煤层矿压显现规律实测与分析 [J]．煤矿安全，2008，39 (1)：90~91.

[55] 李凤仪．浅埋煤层长壁开采矿压特点及其安全开采界限研究 [D]．阜新：辽宁工程技术大学，2007.

[56] 杨登峰，陈忠辉，朱帝杰，等．基于顶板切落的浅埋煤层开采支架工作阻力研究 [J]．岩土工程学报，2016，38 (S2)：286~292.

[57] 黄庆享，胡火明，刘玉卫，等．浅埋煤层工作面液压支架工作阻力的确定 [J]．采矿与安全工程学报，2009，26 (3)：304~307.

[58] 林光侨．浅埋煤层采场矿压规律及支架合理工作阻力研究 [D]．北京：中国矿业大学（北京），2013.

[59] 师本强，侯忠杰．土层覆盖下浅埋煤层工作面支架选型研究 [J]．采矿与安全工程学报，2007，24 (3)：357~360.

[60] 胡沛．麻黄梁煤矿综放面矿压规律及支架工作阻力研究 [D]．西安：西安科技大学，2013.

[61] 侯忠杰，吴文湘，肖民．厚土层薄基岩浅埋煤层"支架-围岩"关系实验研究 [J]．湖南科技大学学报（自然科学版），2007，22 (1)：9~12.

[62] 王旭锋, 张东升, 张炜, 等. 沙土质型冲沟发育区浅埋煤层长壁开采支护阻力的确定 [J]. 煤炭学报, 2013, 38 (2): 194~198.

[63] 李凤仪, 梁冰, 董尹庚. 浅埋煤层工作面顶板活动及其控制 [J]. 采矿与安全工程学报, 2005, 22 (4): 78~80.

[64] 吕梦蛟. 神东矿区长壁采场矿压显现规律与支架选型 [J]. 煤炭科学技术, 2010, 38 (11): 48~52.

[65] 杨登峰, 陈忠辉, 朱帝杰, 等. 基于顶板切落的浅埋煤层开采支架工作阻力研究 [J]. 岩土工程学报, 2016, 38 (s2): 286~292.

[66] 王晓振, 许家林, 朱卫兵, 等. 浅埋综采面高速推进对周期来压特征的影响 [J]. 中国矿业大学学报, 2012, 41 (3): 349~354.

[67] 张东升, 范钢伟, 刘玉德, 等. 浅埋煤层工作面顶板裂隙扩展特征数值分析 [J]. 煤矿安全, 2008, 39 (7): 91~93.

[68] 张艳伟. 冲沟发育地貌浅埋煤层开采覆岩运动及裂隙演化规律研究 [D]. 徐州: 中国矿业大学, 2016.

[69] 王方田, 屠世浩, 张艳伟, 等. 冲沟地貌下浅埋煤层开采矿压规律及顶板控制技术 [J]. 采矿与安全工程学报, 2015, 32 (6): 877~882.

[70] 王旭锋. 冲沟发育矿区浅埋煤层采动坡体活动机理及其控制研究 [D]. 徐州: 中国矿业大学, 2009.

[71] 张东升, 翟德元, 王旭峰. 冲沟发育矿区浅埋煤层采动坡体活动机理及其控制研究 [M]. 徐州: 中国矿业大学出版社, 2010.

[72] 张志强, 许家林, 王露, 等. 沟谷坡角对浅埋煤层工作面矿压影响的研究 [J]. 采矿与安全工程学报, 2011, 28 (4): 560~565.

[73] 张志强, 许家林, 王晓振, 等. 沟谷地形下浅埋煤层工作面矿压规律研究 [J]. 中国煤炭, 2011, 37 (6): 55~58.

[74] 张志强, 许家林, 刘洪林, 等. 沟深对浅埋煤层工作面矿压的影响规律研究 [J]. 采矿与安全工程学报, 2013, 30 (4): 501~505.

[75] 许家林, 朱卫兵, 王晓振, 等. 沟谷地形对浅埋煤层开采矿压显现的影响机理 [J]. 煤炭学报, 2012, 37 (2): 179~185.

[76] 屠世浩, 白庆升, 屠洪盛. 浅埋煤层综采面护巷煤柱尺寸和布置方案优化 [J]. 采矿与安全工程学报, 2011, 28 (4): 505~510.

[77] 宋选民, 王安. 浅埋煤层回采巷道合理煤柱宽度的实测研究 [J]. 采矿与安全工程学报, 2003, 34 (3): 674~678.

[78] 黄庆享, 杜君武, 刘寅超. 浅埋煤层群工作面合理区段煤柱留设研究 [J]. 西安科技大学学报, 2016, 36 (1): 19~23.

[79] 李娟娟, 潘冬明, 胡明顺, 等. 煤矿采空区探测的几种工程物探方法的应用 [J]. 工程地球物理学报, 2009, 6 (6): 728~732.

[80] 王超凡, 赵永贵, 靳洪晓, 等. 地震 CT 及其在采空区探测中的应用 [J]. 地球物理学报, 1998 (S1): 367~375.

[81] 曹建涛, 来兴平, 崔峰, 等. 浅埋煤层近距采空区危险性评价 [J]. 西安科技大学学

报，2013，33（4）：383~389.

［82］宫凤强，李夕兵，董陇军，等．基于未确知测度理论的采空区危险性评价研究［J］．岩石力学与工程学报，2008，27（2）：323~330.

［83］薛希龙，王新民，刘奇，等．基于AHP-灰色聚类模型的采空区危险性分析研究［J］．湖南科技大学学报（自然科学版），2011，26（2）：5~10.

［84］李文．房采采空区失稳危险性评价［J］．中国安全科学学报，2011，21（3）：95~100.

［85］Gao W. Elastic-Plastic Mechanics Analysis on Stability of Coal Pillar［J］. Advanced Materials Research，2008，33~37：1123~1128.

［86］Gao W, Ge M. Stability of a coal pillar for strip mining based on an elastic-plastic analysis［J］. International Journal of Rock Mechanics & Mining Sciences，2016，87：23~28.

［87］鞠金峰．浅埋近距离煤层出煤柱开采压架机理及防治研究［D］．徐州：中国矿业大学，2013.

［88］杨登峰，陈忠辉，洪钦锋，等．浅埋煤层开采顶板切落压架灾害的突变分析［J］．采矿与安全工程学报，2016，33（1）：122~127.

［89］宣以琼，武强，杨本水．岩石的风化损伤属性与缩小防护煤柱开采机制研究［J］．岩石力学与工程学报，2005，24（11）：1911~1916.

［90］王方田．浅埋房式采空区下近距离煤层长壁开采覆岩运动规律及控制［D］．徐州：中国矿业大学，2012.

［91］康红普．煤岩体地质力学原位测试及在围岩控制中的应用［M］．北京：科学出版社，2013.

［92］康红普，司林坡，张晓．浅部煤矿井下地应力分布特征研究及应用［J］．煤炭学报，2016，41（6）：1332~1340.

［93］Bai Q S, Tu S H, Zhang X G, et al. Numerical modeling on brittle failure of coal wall in longwall face—a case study［J］. Arabian Journal of Geosciences，2014，7（12）：5067~5080.

［94］Bai Q S, Tu S H, Zhang C. DEM investigation of the fracture mechanism of rock disc containing hole（s）and its influence on tensile strength［J］. Theoretical & Applied Fracture Mechanics，2016.

［95］Bai Q S, Tu S H, Chen M, et al. Numerical modeling of coal wall spall in a longwall face［J］. International Journal of Rock Mechanics & Mining Sciences，2016，88：242~253.

［96］Bai Q S, Tu S H, Zhang C, et al. Discrete element modeling of progressive failure in a wide coal roadway from water-rich roofs［J］. International Journal of Coal Geology，2016，167：215~229.

［97］Gao F. Simulation of failure mechanisms around underground coal mine openings using discrete element modelling［D］. Vancouver：Canada Simon Fraser University，2013.

［98］Itasca. 3DEC（3 dimensional distinct element code）version 5.0. Minneapolis，MN，USA：Itasca Consulting Group Inc.；2013a.

［99］Itasca. UDEC（Universal distinct element code）. Minneapolis，MN，USA：Itasca Consulting Group Inc.；2013b.

［100］Salamon M. Mechanism of Caving in Longwall Coal Mining［C］//Rock Mechanics Contributions and Challenges：Proceedings of the 31st US Symposium on Rock Mechanics. CRC Press，1990：161.

[101] Salamon M. Rockburst hazard and the fight for its alleviation in South African gold mines [C] //Proceedings of the Conference on Rockbursts，Prediction and Control. London：Institute of Mining and Metallurgy，1983，20：11~52.

[102] Smart B G D，Haley S M. Further development of the roof strata tilt concept for pack design and the estimation of stress development in a caved waste [J]. Mining Science & Technology，1987，5 (2)：121~130.

[103] Trueman R. A finite element analysis for the establishment of stress development in a coal mine caved waste [J]. Mining Science & Technology，1990，10 (3)：247~252.

[104] Yavuz H. An estimation method for cover pressure re-establishment distance and pressure distribution in the goaf of longwall coal mines [J]. International Journal of Rock Mechanics & Mining Sciences，2004，41 (2)：193~205.

[105] Liang B，Wang B，Jiang L，et al. Broken expand properties of caving rock in shallow buried goaf [J]. Journal of China University of Mining & Technology，2016.

[106] Guo G L，Miao X X，Zhang Z N. Research on ruptured rock mass deformation characteristics of Longwall goafs [J]. Sci Technol Eng，2002，2：44~47.

[107] Wang Y S，Xiao-Bo Y，Amoushahi S. A Model for Estimating Porosity Distribution in Gob Area [J]. Safety in Coal Mines，2013.

[108] Zhang Z N，Miao X X，Xiu-Run G E. Testing study on compaction breakage of loose rock blocks [J]. Chinese Journal of Rock Mechanics & Engineering，2005，24 (3)：451~455.

[109] Zhang Z，Mao X，Ge X. Testing study on compressive modulus of loose rock blocks under confining constraint [J]. Chinese Journal of Rock Mechanics & Engineering，2004，23 (18)：3049~3054.

[110] Zhang Z，Mao X，Guo G L. Experimental study on deformational modulus of friable rock during compaction [J]. Chinese Journal of Rock Mechanics & Engineering，2003.

[111] 马占国，郭广礼，陈荣华，等. 饱和破碎岩石压实变形特性的试验研究 [J]. 岩石力学与工程学报，2005，24 (7)：1139~1144.

[112] 张广伟，李凤明，李树志，等. 基于岩体破裂规律的下沉系数变化 [J]. 煤炭学报，2013，38 (6)：977~981.

[113] 陈俊杰，邹友峰，郭文兵. 厚松散层下下沉系数与采动程度关系研究 [J]. 采矿与安全工程学报，2012，29 (2)：250~254.

[114] 贾苏强，孙庆先，董红军，等. 条带开采下沉系数经验公式的适应性分析 [J]. 煤炭学报，2016，41 (s1)：7~13.

[115] 郭文兵，邓喀中，邹友峰. 地表下沉系数计算的人工神经网络方法研究 [J]. 岩土工程学报，2003，25 (2)：212~215.

[116] 郭文兵，邓喀中，邹友峰. 条带开采下沉系数计算与优化设计的神经网络模型 [J]. 中国安全科学学报，2006，16 (6)：40~45.

[117] 张宏贞，邓喀中，刘洪义. 老采空区残余下沉系数的神经网络模型研究 [J]. 采矿与

安全工程学报，2009，26（3）：322~326.

[118] 缪协兴，茅献彪，胡光伟，等. 岩石（煤）的碎胀与压实特性研究 [J]. 实验力学，1997（3）：394~400.

[119] 张振南，茅献彪，郭广礼. 松散岩块压实变形模量的试验研究 [J]. 岩石力学与工程学报，2003，22（4）：578.

[120] 张振南，缪协兴，葛修润. 松散岩块压实破碎规律的试验研究 [J]. 岩石力学与工程学报，2005，24（3）：451~455.

[121] 张振南. 松散岩块压实特性的试验研究 [D]. 徐州：中国矿业大学，2002.

[122] 缪协兴，张振南. 松散岩块侧压系数的试验研究 [J]. 江苏建筑职业技术学院学报，2001，1（4）：17~19.

[123] 张振南，茅献彪，葛修润. 松散岩块侧限压缩模量的试验研究 [J]. 岩石力学与工程学报，2004，23（18）：3049~3054.

[124] 马占国，浦海，张帆，等. 煤矸石压实特性研究 [J]. 采矿与安全工程学报，2003，20（1）：95~96.

[125] 马占国，肖俊华，武颖利，等. 饱和煤矸石的压实特性研究 [J]. 采矿与安全工程学报，2004，21（1）：106~108.

[126] 张连英，茅献彪，樊秀娟. 浸水饱和松散砂岩压实特性的试验研究 [J]. 煤炭科学技术，2006，34（3）：49~52.

[127] 郭广礼，缪协兴，张振南. 老采空区破裂岩体变形性质研究 [J]. 科学技术与工程，2002，2（5）：44~47.

[128] 王文学，王四巍，刘海宁，等. 采后覆岩裂隙岩体应力恢复的时空特征 [J]. 采矿与安全工程学报，2017（1）：127~133.

[129] 梁冰，汪北方，姜利国，等. 浅埋采空区垮落岩体碎胀特性研究 [J]. 中国矿业大学学报，2016，45（3）：475~482.

[130] Huang Z, Ma Z, Lei Z, et al. A numerical study of macro-mesoscopic mechanical properties of gangue backfill under biaxial compression [J]. International Journal of Mining Science and Technology, 2016, 26 (2): 309~317.

[131] Liu Z, Zhou N, Zhang J. Random gravel model and particle flow based numerical biaxial test of solid backfill materials [J]. International Journal of Mining Science and Technology, 2013, 23 (4): 463~467.

[132] Bai Q S, Shi-Hao T U, Yong Y, et al. Back analysis of mining induced responses on the basis of goaf compaction theory [J]. Journal of China University of Mining & Technology, 2013, 42 (3): 355~361.

[133] Esterhuizen G S, Karacan C O. Development of Numerical Models to Investigate Permeability Changes and Gas Emission around Longwall Mining Panel [C]. American Rock Mechanics Association, 2005.

[134] Mukherjee C, Sheorey P R, Sharma K G. Numerical simulation of caved goaf behaviour in longwall workings [J]. International Journal of Rock Mechanics & Mining Sciences & Geomechanics Abstracts, 1994, 31 (1): 35~45.

[135] Thin I G T, Pine R J, Trueman R. Numerical modelling as an aid to the determination of the stress distribution in the goaf due to longwall coal mining [J]. International Journal of Rock Mechanics & Mining Sciences & Geomechanics Abstracts, 1993, 30 (7): 1403~1409.

[136] Singh G S P, Singh U K. Assessment of goaf characteristics and compaction in longwall caving [J]. Mining Technology Transactions of the Institutions of Mining & Metallurgy. 2013, 120 (4): 222~232.

[137] 白庆升, 屠世浩, 袁永, 等. 基于采空区压实理论的采动响应反演 [J]. 中国矿业大学学报, 2013, 42 (3): 355~361.

[138] Badr S, R M, S K. Numerical modelling of longwalls in deep coal mine [C] //Proceedings of the 22nd Conference on Ground Control in Mining, 2003: 37~43.

[139] Huang Y, Zhang J, Zhang Q, et al. Backfilling Technology of Substituting Waste and Fly Ash for Coal Underground in China Coal Mining Area [J]. Environmental Engineering & Management Journal, 2011, 10 (6): 769~775.

[140] 王晓, 刘建康, 宋文成, 等. 煤矿采空区矸石稳定性分析 [J]. 煤矿安全, 2016, 47 (8): 237~239.

[141] 付二军. 南梁煤矿长壁间隔式开采方法开采段合理长度及煤柱参数研究 [D]. 西安: 西安科技大学, 2010.

[142] 王振华, 白如鸿, 杨文清. 长壁间歇式开采区煤柱应力监测方法与稳定性分析 [J]. 西安科技大学学报, 2014, 34 (5): 528~532.

[143] 田云鹏. 南梁煤矿间隔式采空区下煤层开采动压机理研究 [D]. 西安: 西安科技大学, 2015.

[144] 解兴智. 房柱式采空区下长壁工作面覆岩宏观变形特征研究 [J]. 煤炭科学技术, 2012, 40 (4): 23~25.

[145] 李海清, 向龙, 贾宏宇. 品字形房柱式采空区开采地表移动规律 [J]. 地下空间与工程学报, 2011, 7 (3): 541~546.

[146] 解兴智. 浅埋煤层房柱式采空区顶板-煤柱稳定性研究 [J]. 煤炭科学技术, 2014, 42 (7): 1~4.

[147] 林惠立, 栾恒杰. 浅埋房采采空区分布勘察及治理技术 [J]. 山东科技大学学报 (自然科学版), 2016, 35 (1): 48~53.

[148] 解兴智. 浅埋煤层房柱式采空区下长壁开采矿压显现特征 [J]. 煤炭学报, 2012, 37 (6): 898~902.

[149] 屠世浩, 窦凤金, 万志军, 等. 浅埋房柱式采空区下近距离煤层综采顶板控制技术 [J]. 煤炭学报, 2011, 36 (3): 366~370.

[150] 付兴玉. 房式采空区下伏煤层开采动压灾害发生机理及其控制 [D]. 煤炭科学研究总院, 2016.

[151] 李忠华, 官福海. 弹塑性煤柱的应力场计算 [J]. 采矿与安全工程学报, 2006, 23 (1): 79~82.

[152] 杨敬轩, 刘长友, 于斌, 等. 采空区留设煤柱对底板岩层应力与能量分布的影响 [C] //煤炭开采理论与新技术——中国煤炭学会开采专业委员会 2016 年学术年会论文

集，2016.

[153] 朱术云，姜振泉，姚普，等．采场底板岩层应力的解析法计算及应用［J］．采矿与安全工程学报，2007，24（2）：191~194.

[154] 张付涛，魏陆海，郭志伟．平缓地貌间隔式煤柱下底板应力分布规律研究［J］．煤矿安全，2016，47（9）：60~63.

[155] 张付涛，卜永强，魏陆海，等．冲沟地貌间隔式煤柱下应力分布规律的研究［J］．煤炭工程，2016（9）：102~105.

[156] 许磊，张海亮，耿东坤，等．煤柱底板主应力差演化特征及巷道布置［J］．采矿与安全工程学报，2015，32（3）：478~484.

[157] Zhao Y M. Optimization of gateroad layout under a remnant chain pillar in longwall undermining based on pressure bulb theory［J］. International Journal of Mining Reclamation & Environment, 2016, 30（2）：128~144.

[158] Yan S, Bai J, Wang X, et al. An innovative approach for gateroad layout in highly gassy longwall top coal caving［J］. International Journal of Rock Mechanics & Mining Sciences, 2013, 59：33~41.

[159] 张辉，孔令海，李浩荡．浅埋工作面上方集中煤柱预爆破效果微震监测研究［J］．煤矿开采，2016，21（4）：119~122.

[160] 李浩荡，杨汉宏，张斌，等．浅埋房式采空区集中煤柱下综采动载控制研究［J］．煤炭学报，2015，40（s1）：6~11.

[161] 王晓振，鞠金峰，许家林．神东浅埋综采面末采段让压开采原理及应用［J］．采矿与安全工程学报，2012，29（2）：151~156.

[162] 李俊平，王红星，王晓光，等．卸压开采研究进展［J］．岩土力学，2014，35（s2）：350~358.

[163] Kovari K. Erroneous concepts behind the New Austrian Tunnelling Method［J］. International Journal of Rock Mechanics & Mining Science & Geomechanics Abstracts, 1995, 32（4）：188A.

[164] Li C C. Rock support design based on the concept of pressure arch［J］. International Journal of Rock Mechanics & Mining Sciences, 2006, 43（7）：1083~1090.

[165] Yuan B Q, Zhang Y J, Cao J J, et al. Study on Pressure Relief Scope of Underlying Coal Rock with Upper Protective Layer Mining［J］. Advanced Materials Research, 2013, 734~737：661~665.

[166] Wu X Q, Dou L M, Lv C G, et al. Research on Pressure-Relief Effort of Mining Upper-Protective Seam on Protected Seam［J］. Procedia Engineering, 2011, 26：1089~1096.

[167] Zhang C, Tu S, Bai Q, et al. Evaluating pressure-relief mining performances based on surface gas venthole extraction data in longwall coal mines［J］. Journal of Natural Gas Science & Engineering, 2015, 24：431~440.

[168] Zheng J, Tian K. Coal Pressure Relief Zone and Gas Extraction Application Ahead of Working Face［J］. Safety in Coal Mines, 2016.

[169] 涂敏，付宝杰．关键层结构对保护层卸压开采效应影响分析［J］．采矿与安全工程学

报, 2011, 28 (4): 536~541.

[170] 袁亮. 卸压开采抽采瓦斯理论及煤与瓦斯共采技术体系 [J]. 煤炭学报, 2009, 34 (1): 1~8.

[171] Wen Y L, Zhang G J, Zhang Z Q. Numerical Experiments of Drilling Pressure Relief Preventing Roadway Rock Burst [J]. Applied Mechanics & Materials, 2013, 353~356: 1583~1587.

[172] Lin B Q, Wu H J, Zhang L J, et al. Integrative outburst prevention technique of high-pressure jet of abrasive drilling slotting [J]. Procedia Earth & Planetary Science, 2009, 1 (1): 27~34.

[173] Cheng Y, Ma Y L, Zhang Y L. Numerical Simulation of Preventing Rock Burst with Hydraulic Cutting [J]. Advanced Materials Research, 2012, 524~527: 637~641.

[174] 李俊平, 王石, 柳才旺, 等. 小秦岭井巷工程岩爆控制试验 [J]. 科技导报, 2013, 31 (1): 48~51.

[175] 涂敏, 袁亮, 缪协兴, 等. 保护层卸压开采煤层变形与增透效应研究 [J]. 煤炭科学技术, 2013, 41 (1): 40~43.

[176] 李俊平, 卢连宁, 于会军. 切槽放顶法在沿空留巷地压控制中的应用 [J]. 科技导报, 2007, 25 (20): 43~47.

[177] 张农, 袁亮, 王成, 等. 卸压开采顶板巷道破坏特征及稳定性分析 [J]. 煤炭学报, 2011, 36 (11): 1784~1789.

[178] 于学馥. 轴变论与围岩变形破坏的基本规律 [J]. 铀矿冶, 1982 (1): 10~19.

[179] 于学馥, 乔端. 轴变论和围岩稳定轴比三规律 [J]. 有色金属工程, 1981 (3): 18~25.

[180] 何满潮, 张国锋, 孙晓明, 等. 一种长壁工作面无煤柱开采方法: 中国, 102536239B [P]. 2015-11-25.

[181] 何满潮, 张国锋. 煤矿切顶卸压沿空成巷无煤柱开采关键技术研究 [C] //中国工程科技论坛第 118 场——2011 国际煤矿瓦斯治理及安全会议论文集, 2011.

[182] 樊友景, 高建华, 李大望. 均布荷载作用下两端固支梁的弹性力学解析解 [J]. 河南科学, 2006 (2): 237~240.

[183] 李自林, 杨忠. 线性荷载作用下两端固支浅梁和短梁的解析解 [J]. 天津城建大学学报, 2015 (1): 1~6.

[184] Zhu D, Tu S, Ma H, et al. A 3D Voronoi and subdivision model for calibration of rock properties [J]. Modelling and Simulation in Materials Science and Engineering, 2017, 25 (8): 85005.

[185] Quey R, Dawson P R, Barbe F. Large-scale 3D random polycrystals for the finite element method: Generation, meshing and remeshing [J]. Computer Methods in Applied Mechanics & Engineering, 2011, 200 (17~20): 1729~1745.

[186] Quey R, Driver J H, Dawson P R. Intra-grain orientation distributions in hot-deformed aluminium: Orientation dependence and relation to deformation mechanisms [J]. Journal of the Mechanics & Physics of Solids, 2015, 84: 506~527.

［187］　Xu X H, Ma S P, Xia M F, et al. Damage evaluation and damage localization of rock ［J］. Theoretical & Applied Fracture Mechanics, 2004, 42 (2): 131~138.

［188］　Amitrano D. Brittle-ductile transition and associated seismicity: Experimental and numerical studies and relationship with the b value ［J］. Journal of Geophysical Research Solid Earth, 2003, 108 (B1): 233~236.

［189］　Tang C. Numerical simulation of progressive rock failure and associated seismicity ［J］. International Journal of Rock Mechanics & Mining Sciences, 1997, 34 (2): 249~261.

［190］　Wong T F, Wong R H C, Chau K T, et al. Microcrack statistics, Weibull distribution and micromechanical modeling of compressive failure in rock ［J］. Mechanics of Materials, 2006, 38 (7): 664~681.

［191］　Mier J G M V, Vliet M R A V, Tai K W. Fracture mechanisms in particle composites: statistical aspects in lattice type analysis ［J］. Mechanics of Materials. 2002, 34 (11): 705~724.

［192］　Peng S S, Chiang H S. Longwall mining ［M］. John Wiley & Sons, Inc, 1984.

［193］　Lee H, Jung Y, Choi S. An experimental study on the bulking factor of rock mass for subsidence behavior analysis ［J］. Tunnel and Underground Space, 2008, 18 (1): 33~43.

［194］　Soil and Rock-Bulk Factors ［EB/OL］. ［2017-06-09］. http: //www. engineeringtoolbox. com/soil-rock-bulking-factor-d_ 1557. html.

［195］　Swell Factors for Various Soils ［EB/OL］. ［2017-06-09］. http: //www. projectengineer. net/swell-factors-for-various-soils/.

［196］　Ofoegbu G I, Read R S, Ferrante F. Bulking factor of rock for underground openings ［J］. US Nuclear Regulatory Commission Contract NRC 02-07-006 contract report. 2013.

［197］　李文, 李健. 浅埋煤层房采采空区隐患分析与治理技术 ［J］. 煤矿安全, 2014, 45 (1): 64~66.

［198］　张勇, 潘岳. 弹性地基条件下狭窄煤柱岩爆的突变理论分析 ［J］. 岩土力学, 2007 (7): 1469~1476.

［199］　King H J, Whittaker B N. A review of current knowledge on roadway behaviour, especially the problems on which further information is required ［C］. 1971.

［200］　Larson M K, Lavoie T. Calibrating a Caving Model for Sedimentary Deposits—Estimation of Load Distribution Between Gob and Abutment ［C］. 2016.

［201］　Galvin B J M. Ground Engineering-Principles and Practices for Underground Coal Mining ［J］. 2016.

［202］　Mark C. Pillar design methods for longwall mining ［M］. US Dept. of the Interior, Bureau of Mines, 1990.

［203］　Singh R, Mandal P K, Singh A K, et al. Optimal underground extraction of coal at shallow cover beneath surface/subsurface objects: Indian practices ［J］. Rock Mechanics and Rock Engineering, 2008, 41 (3): 421~444.

［204］　Wagner H. Pillar design in coal mines ［J］. Journal of the Southern African Institute of Mining and Metallurgy, 1980, 80 (1): 37~45.

[205] Jiang B，Wang L，Lu Y，et al. Ground pressure and overlying strata structure for a repeated mining face of residual coal after room and pillar mining ［J］. International Journal of Mining Science and Technology，2016，26（4）：645~652.

[206] 刘云川，汪旭光，刘连生，等. 不耦合装药条件下炮孔初始压力计算的能量方法 ［J］. 中国矿业，2009（6）：104~107.

[207] 陈庆寿，吴煌荣. 岩石在动载作用下的破坏与强度 ［J］. 地球科学，1987，2：15.

[208] 王文龙，张萌. 钻眼爆破 ［M］. 北京：煤炭工业出版社，1984.